Mudessir Temam Imamu

Avaliação do impacto das inundações no caso de (kebeles seleccionados) da cidade de Adama

Mudessir Temam Imamu

Avaliação do impacto das inundações no caso de (kebeles seleccionados) da cidade de Adama

ScienciaScripts

Cover image: www.ingimage.com

This book is a translation from the original published under ISBN 978-3-659-62500-8.

Publisher:
Sciencia Scripts
is a trademark of
Dodo Books Indian Ocean Ltd. and OmniScriptum S.R.L publishing group

120 High Road, East Finchley, London, N2 9ED, United Kingdom
Str. Armeneasca 28/1, office 1, Chisinau MD-2012, Republic of Moldova, Europe
Printed at: see last page
ISBN: 978-620-7-63660-0

Agradecimentos

Em primeiro lugar, gostaria de agradecer ao Todo-Poderoso, Alá (Deus), por me ter ajudado a realizar esta tese de investigação de uma forma correcta.

Em segundo lugar, expresso a minha profunda gratidão ao meu orientador, Sr. Feyera Asfawe, pela sua orientação construtiva e acompanhamento consistente até ao final da finalização da tese, dedicando o seu valioso tempo.

Em terceiro lugar, estou grato aos inquiridos da Câmara Municipal de Adama, à Administração de Keble da área de estudo, ao Gabinete de Prevenção e Preparação para Catástrofes da Zona Este de Shewa, ao Serviço de Abastecimento de Água e Saneamento da Cidade de Adama, à Administração do Gabinete de Saúde da Cidade de Adama, ao Instituto de Planeamento Urbano de Oromia e, finalmente, aos inquiridos dos agregados familiares das três Keble's da área de estudo, pela sua cooperação para alcançar o meu objetivo.

Por último, agradeço a todos os meus amigos e outras pessoas que me ajudaram na recolha de dados e na observação no terreno.

RESUMO

O risco de inundações é um dos mais catastróficos em qualquer país do mundo, resultando em perdas de vidas, infra-estruturas e danos materiais em geral. Especialmente nos países em desenvolvimento, o impacto das cheias é considerado uma fonte comum de queixas dos residentes urbanos. Na ausência de medidas estruturais adequadas de controlo das cheias e de factores climáticos, o impacto das cheias provoca danos significativos em várias habitações, propriedades e infra-estruturas da cidade. O problema também se aplica à área de estudo, onde o risco de inundação aumenta tanto em termos de magnitude como de gravidade. Com base nas conclusões da investigação, a frequência das inundações ocorre anualmente e é considerada um problema natural recorrente após a estação das chuvas. A magnitude do risco de inundação também aumenta com base nos resultados da análise. Ao mesmo tempo, a gravidade do risco de inundação também é muito elevada. Na área de estudo, não há manutenção e desobstrução adequadas das infra-estruturas de drenagem. As infra-estruturas de drenagem existentes também não têm capacidade para suportar o fluxo de descarga de água. Com base no levantamento de campo, o investigador também aceitou que as infra-estruturas de drenagem estão em causa e necessitam de grande atenção para minimizar o impacto do risco de inundação. Por último, o programa de gestão das cheias não é da responsabilidade de uma única organização, mas necessita do envolvimento de várias partes interessadas. No entanto, na área de estudo, a intervenção das partes interessadas no programa de gestão de cheias não é ativa. Por outro lado, o órgão de governo e outras organizações não governamentais concentram-se apenas na prestação de ajuda depois de as cheias atingirem a área de estudo, pelo contrário, a atenção dada às medidas de controlo não é satisfatória. Assim, a limpeza e a manutenção das instalações de drenagem, a sensibilização e a coordenação entre o município e as várias organizações relacionadas necessitam de grande atenção, para reduzir o impacto provável das cheias

Índice de conteúdo

Lista de acrónimos / abreviaturas

UN United Nations.

WMO World Meteorological Organizations

NOAA National oceanic and Atmospheric Administrations

FDRE Federal Democratic Republic of Ethiopia

WB World Bank

WHO World Health Organization

CRED Center for Research of Epidemiology in Brussels

FDRECCCSA Federal Democratic Republic of Ethiopia Population Census Commission Central Statistical Agency.

USGS United State Geological Survey

NMAAB National Meteorological Agency Adama Branch

CAPÍTULO 1

1.0 Introdução

O perigo de inundações é um dos riscos mais desastrosos em vários países do mundo, com impacto na perda de vidas, infra-estruturas e danos materiais em geral. No passado, nas zonas áridas e semi-áridas, as inundações eram consideradas um recurso muito importante. Entretanto, devido a perturbações climáticas extremas e à degradação dos solos, o risco de inundação tornou-se nocivo, o que pode afetar as pessoas e todo o ambiente natural (ONU, 2009).

Atualmente, muitos países são atingidos por inundações em diferentes locais e momentos, o que provoca a perda de muitas pessoas, incluindo os seus bens. Embora o risco de inundação abranja muitas partes do mundo, o impacto é altamente agravado nos países em desenvolvimento, onde a maioria da população está abaixo do limiar de pobreza devido à debilidade socioeconómica, ao elevado nível de analfabetismo e a problemas financeiros. Devido a este facto, muitas pessoas têm dificuldade em lidar com o impacto das inundações (WMO, 2009).

A Etiópia é um dos países mais vulneráveis às alterações climáticas. Acontecimentos extremos como as inundações expõem as pessoas a ferimentos, provocam perdas económicas, danificam habitats e várias infra-estruturas urbanas (FDRE, 2007). Na Etiópia, as inundações são um problema sobretudo ao longo das zonas fluviais, afectando a produtividade das terras agrícolas, as povoações e as infra-estruturas. Com base neste facto, as planícies fluviais das bacias de Abbay, Awash, Baro-Akobo e Wabi-Shebele são alguns dos principais rios que provocam inundações. Para além disso, a urbanização também contribui para o risco de inundações porque as grandes áreas pavimentadas e impermeáveis aumentam o escoamento (WB, 2006).

Em geral, esta proposta de investigação inclui o contexto da área de estudo, a declaração do problema, o objetivo geral e específico, a questão de investigação, a hipótese de investigação, a importância do estudo, o âmbito do estudo, a descrição da área de estudo, a revisão da literatura e a metodologia de investigação da proposta de investigação.

1.1. Antecedentes.

As inundações atraíram historicamente o desenvolvimento socioeconómico e continuam a suportar elevadas densidades de população humana. Este facto é particularmente importante quando os recursos terrestres adequados ao desenvolvimento humano são escassos. Especialmente nas zonas áridas e semi-áridas, as águas das cheias representam um recurso hídrico vital. Enquanto isso, as inundações provocam danos generalizados, problemas de saúde e perda de vidas humanas. Este é especialmente o caso quando as actividades de desenvolvimento no canal do rio e na inundação adjacente foram prosseguidas sem ter em conta os riscos associados (ONU, 2009).

Os efeitos adversos das inundações e das secas têm frequentemente implicações socioeconómicas e ambientais de grande alcance, podendo incluir a perda de vidas e de bens, a migração em massa de pessoas e animais, a degradação ambiental e a escassez de alimentos, energia, água e outras necessidades básicas. O grau de vulnerabilidade a estes riscos naturais é elevado nos países em desenvolvimento, onde a necessidade tende a forçar os pobres a ocupar as zonas mais vulneráveis. A vulnerabilidade dos países desenvolvidos aumenta com o crescimento económico e a acumulação de propriedades em zonas propensas a inundações e em ambientes altamente urbanizados. O Plano de Implementação da Cimeira Mundial sobre o Desenvolvimento Sustentável, realizada em Joanesburgo, África do Sul, em agosto/setembro de 2002, salienta a necessidade de "... atenuar os efeitos da seca e das inundações através de medidas como uma melhor utilização da informação climática e meteorológica e de sistemas dc alerta precoce, gestão da terra e dos recursos naturais, práticas agrícolas e conservação dos ecossistemas, a fim de inverter as tendências actuais e minimizar a degradação da terra e dos recursos hídricos (OMM, 2009).

Em muitos países em desenvolvimento, as inundações representam uma das fontes mais comuns de queixa dos residentes urbanos. Na ausência de medidas estruturais adequadas de controlo de cheias e de factores climáticos, o impacto das cheias resulta em danos significativos nas várias habitações, propriedades e infra-estruturas da cidade. Isto também é verdade para a área de estudo, onde o risco de inundações afecta fortemente as pessoas devido à fraca configuração institucional, infra-estruturas, atividade socioeconómica, planeamento inadequado do uso da terra, ausência de um forte tratamento de captação superior do solo e atividade de conservação da água e clima são alguns dos factores que expuseram o risco de inundações em diferentes momentos que destroem casas, gado e várias infra-estruturas da cidade de forma inesperada. A gestão das inundações exige cooperação e integração com o envolvimento total dos interessados, que são o grupo-alvo do pessoal da respectiva autoridade, o planeador e o público em geral, para reduzir o efeito provável das inundações em toda a residência.

1.2. Declaração do problema.

A calamidade natural das inundações é um dos riscos mais desastrosos que afecta a maioria das pessoas, especialmente nos países em desenvolvimento, onde a rede de infra-estruturas de drenagem de águas não está bem estabelecida. Em países como a Etiópia, a maioria das cidades atrasa-se na realização de infra-estruturas de drenagem urbana adequadas, o que as expõe a vários riscos de inundação.

O problema também se aplica à área de estudo da cidade de Adarna. Especialmente nos últimos anos, o impacto das cheias afectou potencialmente a povoação urbana de Keble's selecionada na área de estudo. A escala da inundação criou riscos de danos em edifícios, perda de vidas, instalações de água e atividade económica da cidade. Para que as cidades prestem serviços adequados e eficientes à população, é necessário que as condições climatéricas sejam favoráveis. Com base neste facto, no período anterior, a administração da cidade de Adama realizou várias actividades de investigação para reduzir o efeito provável do risco de inundações, no entanto, o problema ainda não foi resolvido.

A principal força motriz que levou o investigador a escolher este tópico é a avaliação do impacto das cheias e a redução dos efeitos prováveis do risco de cheias na área de estudo. Além disso, os resultados desta investigação são úteis para várias actividades de investigação no futuro e também servem de contributo para o desenvolvimento urbano da cidade de Adama.

1.3. Objetivo da investigação.

1.3.1. Objetivo geral

O objetivo geral do estudo é realizar uma avaliação dos impactos das inundações no caso de (Keble's seleccionados) da cidade de Adama.

1.3.2. Objetivo específico.

A- Avaliar o nível de impacto das inundações no ambiente, na economia e na atividade social.

J Avaliar o nível de impacto das inundações na saúde

4- Avaliar o impacto das inundações nos danos materiais.

4- **Explorar** a perda de vidas e ferimentos em resultado de inundações.

4- Avaliar os principais desafios que a cidade enfrenta para gerir as inundações.

J Avaliar o nível de participação das partes interessadas no programa de gestão das inundações

4- Identificar as zonas sujeitas a riscos de inundação

4- Recomendar as medidas possíveis (melhores) para minimizar o impacto das inundações.

1.4. . Questões e hipóteses de investigação.

1.4.1. Questões de investigação

4- Qual é o nível de impacto das inundações no ambiente, na economia e na atividade social?

5- Qual é o nível de impacto das inundações na saúde?

6- Qual é o nível de impacto das inundações nos danos materiais?

7- Há perda de vidas e ferimentos em resultado do risco de inundação?

A- Qual é o nível de participação das partes interessadas na atividade de gestão das inundações?

1.4.2. Hipóteses de investigação.

Embora o risco de inundação seja o resultado de fenómenos naturais e provocados pelo homem, é mais acentuado por causas induzidas pelo homem que têm impacto em várias actividades socioeconómicas.

1.5. Definição concetual.

1.5.1. Inundação.

As inundações são catástrofes naturais que têm afetado a vida humana e o ambiente desde tempos imemoriais. As cheias estão associadas a fenómenos naturais extremos que ocorrem numa área geográfica como resultado de uma bacia de drenagem e de uma área de captação. Um acontecimento natural extremo só se torna numa catástrofe quando tem impacto nas povoações humanas (Andjelkovic, 2001).

1.5.2. Avaliação dos riscos urbanos.

A avaliação do risco urbano é uma abordagem flexível que facilita uma melhor compreensão dos riscos da cidade relativamente a catástrofes e alterações climáticas (Banco Mundial, 2011).

1.5.3. Perigo

O perigo é um acontecimento físico potencialmente prejudicial, um fenómeno ou uma atividade humana que pode causar a perda de vidas ou ferimentos, danos materiais, perturbações sociais e económicas ou degradação ambiental (Neuhold ,2010, citado em U.N. ISDR, 2002).

1.5.4. Vulnerabilidade.

A vulnerabilidade é definida como a suscetibilidade de danos à vida, à propriedade ou ao ambiente se ocorrer um perigo (Neuhold 2010, citado em May, 2000).

1.6. Importância do estudo.

A cidade de Adama situa-se em zonas baixas do vale do Rift, onde o risco de inundações provoca a perda de vidas, de bens e de infra-estruturas. Para alterar esta situação, a administração da cidade de Adama fez um grande esforço em várias actividades de proteção contra as cheias. No entanto, o problema ainda não foi resolvido. Assim, os resultados desta investigação são muito úteis para a administração da cidade e para várias outras actividades de investigação. Finalmente, esta investigação é muito importante para identificar o principal desafio que a administração da cidade enfrentou e para ver o nível de participação das partes interessadas no programa de gestão das cheias.

1.7. Âmbito do estudo.

Para tornar esta investigação precisa e manejável, os limites contextuais do âmbito do estudo centraram-se em três Keble's. Na cidade de Adama, existem 14 Keble's e, destes, 6 Keble's estão expostos ao risco de inundação. No entanto, devido a limitações de tempo e financeiras, o investigador seleccionou propositadamente 3 Keble's que representam o resto dos Keble's altamente afectados pelo risco de inundações e que se encontram em zonas de menor altitude. Com base nas informações da FDRECCCSA (2010), a população-alvo de 3 Keble's é de 16528 agregados familiares e foi recolhida uma amostra de 167, de acordo com a fórmula de determinação do tamanho da amostra de Kothari (1990), para recolher as informações necessárias através de questionários. Além disso, através de entrevistas, foram realizadas várias discussões pessoais e em grupo com entidades competentes, tais como gestores e peritos da administração da cidade de Adama, chefe do gabinete de Prevenção e Preparação para Catástrofes da Zona Oriental de Shewa, chefe do serviço de abastecimento de água e saneamento da cidade de Adama, chefe do gabinete de administração da saúde da cidade de Adama, chefe da administração do Keble selecionado da área de estudo e, finalmente, a discussão foi realizada com grupos de agregados familiares com 8-12 pessoas de cada Keble selecionado para obter mais informações e elaboração sobre o impacto do risco de inundações na cidade. Conceptualmente, o âmbito do estudo sublinhou a necessidade de avaliar o impacto das cheias no ambiente, na economia e na atividade social de Keble selecionada na área de estudo. Por outro lado, questões como a identificação do tipo de solo da cidade, o volume e a intensidade da descarga das cheias não estão incluídas no âmbito do estudo.

1.8. Descrição da zona de estudo.

1.8.1. Localização.

Adama é uma das maiores e mais populosas capitais do estado regional de Oromia, situada a 99 km a sudeste de Adis Abeba, a 8°33'35 "N - 8°36'46 "N de latitude e 39°H'57 "E - 39° 21'15 "E de longitude. Tem uma altitude de 1712 m e uma área de 29,86 quilómetros quadrados. Topograficamente, a cidade está situada no sistema do grande vale do rifte, criado em resultado de actividades tectónicas vulcânicas através da deposição de sedimentos, em grande parte de origem fluvial, e a textura do solo da cidade é do tipo silte arenoso (Messay, 2010, citado em CSA, 2007).

A cidade está subdividida em 14 estruturas administrativas de Keble. A população total da cidade é de 2220.212 habitantes e inclui vários grupos étnicos, nomeadamente: Oromo (39,02%), Amhara (34,53%), Gurage (11,98%) e Silte (5,02%) (Ibid, 2010, citado em CSA, 2007).

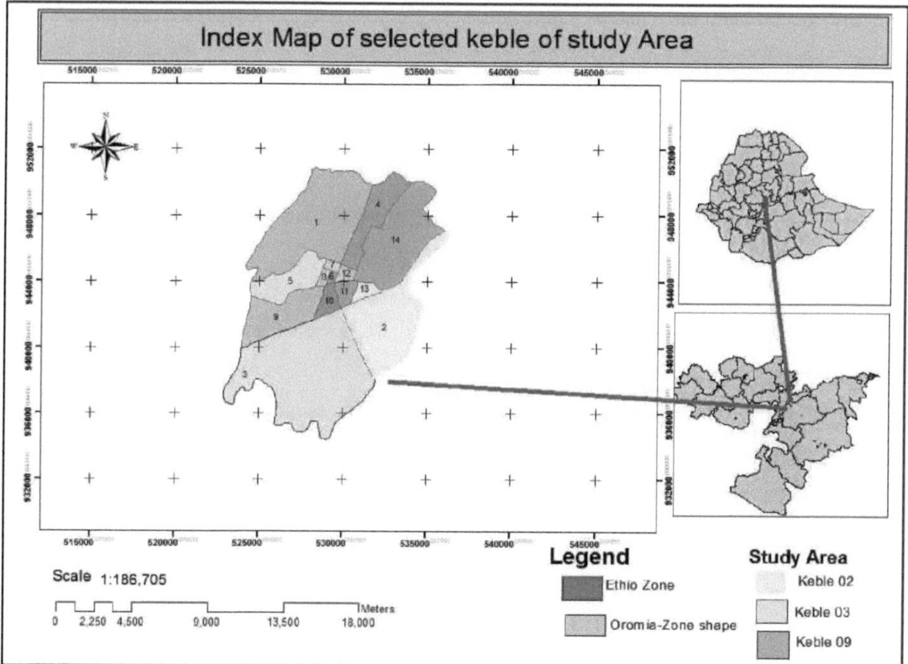

Mapa.l. Mapa de índice de Keble selecionado da área de estudo
Fonte: Elaborado pelo pesquisador, março de 2013.

De acordo com o Mapa 1.explicado acima, a área de cobertura específica da área de estudo de Keble (02), Keble (03) e Keble (09) é 19566288.72m^2 (1956.62), 39390127.38 m^2 (3939.01ha), e 9567707.17 (956.77 ha) respetivamente. Em termos de percentagem, da área total de cobertura, estes três Keble's cobrem 50,79%.

1.8.2. Carácter físico do solo

De acordo com o mapa do Instituto de Planeamento Urbano de Oromia (2013), desenhado pelo investigador

(2013), na área de estudo existem dois tipos principais de solo, nomeadamente Mollie Andosols e Eutric fluvisols. Com base neste facto, o Keble selecionado da área de estudo 09 keble, inteiramente dominado pelo tipo de solo Mollie Andosols, enquanto Keble (03) e Keble (02) dominam ambos os tipos de solo Eutric fluvisols e Mollie Andosols (ver Anexo 10).

1.8.3. Clima

Hoje em dia, as alterações climáticas têm o seu efeito Owen em várias actividades agrícolas, no desenvolvimento urbano e na atividade socioeconómica. Entre os diferentes factores que criam a variabilidade climática, a precipitação e a temperatura contribuem para o aumento do risco de inundações, o que acaba por ter impacto na subsistência de muitas pessoas.

1.8.3.1 Queda de chuva

Com base no NMAAB (2013), a precipitação máxima registou 500,8 mm no mês de julho. Por outro lado, a precipitação mínima registou 0,5 mm no mês de novembro. Especialmente, a precipitação registada no ano de 2012, em comparação com o resto da precipitação registada nos últimos 10 anos, é extremamente elevada. Assim, a elevada intensidade da queda de chuva contribui para o aumento do risco de inundações.

1.8.3.2 Temperatura

No que diz respeito à temperatura, com base em NMAAB (2013), a temperatura máxima registada foi de 31,7°C no mês de maio. O resto da temperatura é semelhante, especialmente a temperatura máxima.

1.9. Organização da tese.

A investigação está organizada em cinco capítulos. O primeiro capítulo é constituído por introdução, antecedentes da área de estudo, enunciado do problema, objetivo do estudo, questão/hipótese de investigação, definições conceptuais, significado do estudo, âmbito do estudo e descrição da área de estudo. O segundo capítulo centra-se na revisão da literatura. O terceiro capítulo centra-se na metodologia de investigação. O quarto capítulo centra-se na análise e interpretação dos dados. Finalmente, o quinto capítulo centra-se na conclusão e nas recomendações.

CAPÍTULO 2

Literatura de revisão

2.1. Antecedentes históricos do risco de inundação

Historicamente, as cheias têm sido os locais preferidos para a atividade socioeconómica. As cheias são um fenómeno natural com impactos positivos e negativos. No entanto, no passado, as cheias não devem ser consideradas como um obstáculo ao desenvolvimento económico. Pelo contrário, as cheias desempenham um papel significativo na reconstituição das zonas húmidas, na recarga dos lençóis freáticos e no apoio à agricultura e ao sistema de pescas, tornando as planícies aluviais as zonas preferidas para a fixação de pessoas e para as actividades económicas. Entretanto, devido à procura extrema de recursos naturais e ao crescimento demográfico, as pessoas começam a deslocar as suas propriedades para perto das zonas fluviais do mundo. Como resultado, novas medidas de controlo e proteção contra as inundações encorajaram as pessoas a utilizar extensivamente as áreas recentemente protegidas, aumentando assim os riscos de inundação e gerando perdas consequentes (WMO, 2007).

2.2. O desafio crescente das inundações urbanas

Nos últimos dezoito meses, ocorreram inundações destrutivas ao longo da bacia do rio Indo, no Paquistão, em agosto de 2010; em Queensland, na Austrália, na África do Sul, no Sri Lanka e nas Filipinas, no final de 2010 e no início de 2011; juntamente com deslizamentos de terras, na região Serrana do Brasil, em janeiro de 2011; na sequência do tsunami provocado pelo terramoto na costa nordeste do Japão, em março de 2011; ao longo do rio Mississippi, em meados de 2011; em consequência do furacão Irene na costa leste dos EUA, em agosto de 2011; na província de Sindh, no sul do Paquistão, em setembro de 2011; e em vastas zonas da Tailândia, incluindo Banguecoque, em outubro e novembro de 2011.A ocorrência de inundações é a mais frequente de todas as catástrofes naturais. Nos últimos vinte anos, em particular, o número de inundações registadas tem vindo a aumentar significativamente. Só em 2010, 178 milhões de pessoas foram afectadas pelas inundações. As perdas totais em anos excepcionais, como 1998 e 2010, ultrapassaram os 40 mil milhões de dólares (K Jha, etal.2011).

2.2.1 mpacto das inundações nas perspectivas mundiais.

As zonas urbanas são particularmente afectadas pelo risco de inundações em todo o mundo. Os níveis actuais e previstos dos impactos das inundações exigem urgência para que a gestão dos riscos de inundação nos aglomerados urbanos passe a ser uma prioridade na agenda política e de políticas. A compreensão das causas e efeitos dos impactos das inundações, a conceção, o investimento e a aplicação de medidas que os minimizem devem passar a fazer parte do pensamento geral sobre o desenvolvimento e ser integrados em objectivos de desenvolvimento mais amplos. As inundações afectam todos os tipos de aglomerações urbanas, desde pequenas aldeias e cidades de dimensão média e centros de serviços de metrópoles e megacidades do mundo, como Sendai, Brisbane, Nova Iorque, Karachi e Banguecoque, que foram atingidas por inundações recentes (K Jha, etal.2011).

Em comparação com as inundações rurais, as inundações urbanas são mais dispendiosas e difíceis de gerir, embora as inundações rurais abranjam uma maior área de terreno e atinjam as camadas mais pobres da população. Os impactos das inundações urbanas são também distintos, dada a tradicionalmente maior concentração de população e bens no meio urbano. Este facto torna os danos mais intensos e mais dispendiosos. Os aglomerados urbanos são locais onde se concentram os principais atributos económicos e sociais e as bases patrimoniais de qualquer população nacional, no entanto, devido às inundações urbanas, os danos e perturbações são intensos e ultrapassam o âmbito das águas das inundações, o que acarreta consequências mais graves para a sociedade (Ibid, 2011).

2.4. Impacto das inundações em diferentes países.

2.4.1. Impacto das inundações na América do Sul (Brasil).

No Brasil, a presença de inundações fluviais e repentinas combinadas com deslizamentos de terra não é um fenómeno novo, pelo contrário, já aconteceu noutros locais, o que representa um elevado risco para as pessoas, edifícios, infra-estruturas e ambiente natural. Além disso, os efeitos indiretos que resultam em perda de negócios, interrupção do orçamento público e doméstico representam alguns dos efeitos significativos dos danos causados pelas inundações. Em Janeiro de 2011, as inundações no Sudeste do Brasil, incluindo Rio de Janeiro e São Paulo, mataram mais de 800 pessoas. Mais de 100.000 pessoas ficaram sem casa e as principais infra-estruturas foram destruídas. Consequentemente, o aumento da frequência e da gravidade das inundações está a tornar a prevenção dos riscos de inundação uma prioridade máxima (Mendel, 2007).

2.4.2. Impacto das inundações no Paquistão.

As inundações no Paquistão submergiram um quinto do país, provocando a destruição e a privação de cerca de 20 milhões de pessoas. Cerca de 1.800 pessoas morreram, 3.000 ficaram feridas e, ao mesmo tempo, os danos patrimoniais tiveram um grande impacto, o que pode perturbar a subsistência de milhões de pessoas. Para além disso, milhões de pessoas perderam as suas casas e bens e as pessoas deslocadas que regressam vêem-se confrontadas com uma deslocação maciça. As consequências sociais, económicas e políticas do país representam também um problema e uma oportunidade para a construção de um melhor sistema de gestão das inundações (Anne & Schaffer, 2010).

2.4.3. Impacto das inundações na China.

A China caracteriza-se por um enorme desenvolvimento e crescimento económico durante a última década. Pelo contrário, o aumento de potenciais riscos naturais, como as inundações, tem um efeito substancial e ameaça a economia global do país. As graves inundações de 2006 na bacia do rio Huaihe afectaram mais de 10 milhões de pessoas e destruíram 14 000 habitações, com perdas económicas estimadas em cerca de 663 milhões de dólares. Além disso, em março de 2007, o rio Amarelo registou as piores inundações desde 1954. Para além das cheias fluviais graves, as cheias repentinas causadas por precipitação local intensa podem ocorrer em quase todo o território chinês (Butzbach, 2007).

2.4.4. Impacto das inundações nos Estados Unidos.

Durante o último século, a taxa de urbanização nos Estados Unidos registou um aumento considerável. Em consonância com a alteração da utilização dos solos associada ao desenvolvimento urbano, o risco de inundações afecta vários estados do país de muitas formas, como a perda de vidas e os danos materiais. A remoção da vegetação e do solo, o nivelamento da superfície terrestre e a construção de redes de drenagem são alguns dos factores que aumentam a taxa de inundações. Como resultado, o pico de descarga, o volume e a frequência das inundações aumentam nos cursos de água próximos. Para além disso, as alterações nos canais dos cursos de água durante o desenvolvimento urbano podem limitar a sua capacidade de transportar as águas das cheias. Além disso, as estradas e os edifícios construídos em zonas propensas a inundações estão expostos a riscos acrescidos de inundações, incluindo inundações e erosão, à medida que o novo desenvolvimento prossegue (USGS, 2003).

2.4.5. Impacto das inundações na perspetiva dos países em desenvolvimento.

Atualmente, a gravidade das catástrofes naturais, como os furacões, as secas e as inundações, parece estar a aumentar, à medida que o aquecimento global se intensifica. Em consonância com este facto, há também um aumento correspondente no número de vítimas e feridos, hospitalizações e perdas financeiras que resultam em repercussões para as companhias de seguros. As inundações recorrentes e extremas têm um impacto negativo nas vidas, nos meios de subsistência e na atividade económica, podendo causar catástrofes ocasionais. As catástrofes provocadas por inundações resultam da interação entre fenómenos hidrológicos extremos e processos ambientais, sociais e económicos. Estas catástrofes podem atrasar a atividade de desenvolvimento em cinco a dez anos, sobretudo nos países em desenvolvimento. A gestão das inundações desempenha um papel importante na proteção das pessoas e das suas actividades socioeconómicas nas planícies aluviais contra as inundações. No passado, a exposição aos riscos de inundação foi tratada em grande medida através de medidas estruturais. Além disso, as abordagens estruturais são susceptíveis de falhar no momento em que ocorre um acontecimento extraordinário ou imprevisto. Esta abordagem tradicional é mais arriscada e gera conflitos e desigualdades. A degradação ambiental tem o potencial de ameaçar a segurança humana, incluindo a vida e os meios de subsistência, bem como a segurança alimentar e sanitária. Tendo em conta este facto, há recentemente um apelo a uma mudança de paradigma do controlo das inundações para a gestão das inundações (Joachim, 2002).

2.4.6. Impacto das inundações Cenário etíope.

A Etiópia tem uma topografia muito acidentada e montanhosa, com diferentes altitudes. Esta grande variação de altitude cria várias condições climáticas na Etiópia. A precipitação também varia de local para local, desde as terras baixas do país, que recebem uma quantidade limitada de precipitação, até às partes altas do país que sofreram grandes inundações devido à elevada precipitação. As inundações são comuns na Etiópia durante a estação das chuvas, entre junho e setembro. As inundações repentinas e as inundações fluviais são os principais tipos de inundações que ocorrem no país (Samson, 2008, citado em FDPPA, 2006).

A Etiópia é um dos países em desenvolvimento mais vulneráveis às alterações climáticas. O baixo nível de desenvolvimento socioeconómico, as infra-estruturas inadequadas, a falta de capacidade institucional e a maior dependência dos recursos naturais tornam o país exposto a vários fenómenos extremos. Quando ocorrem fenómenos extremos como as inundações, as pessoas sofrem ferimentos, incorrem em perdas económicas, os habitats são destruídos e o ambiente construído é danificado. Além disso, os sistemas socioeconómicos também são sensíveis à frequência, intensidade e persistência destas condições, o que acaba por criar potenciais alterações nas tendências a longo prazo (FDRE, 2007).

Na Etiópia, as inundações são um problema que afecta principalmente as zonas fluviais e a produtividade das terras agrícolas, as povoações e as infra-estruturas. Neste contexto, as planícies fluviais das bacias de Abbaye, Awash, Baro-Akobo e Wabi-Shebele são alguns dos principais rios que provocam inundações. Para além disso, a urbanização também contribui para o risco de inundação porque as grandes áreas pavimentadas e impermeáveis aumentam o escoamento, devido à baixa capacidade de infiltração. Além disso, a ausência de construção imprópria de águas pluviais, esgotos e a obstrução do fluxo natural agravam a taxa de inundação na cidade (WB, 2006).

De acordo com as explicações de Samson (2008), as cheias repentinas estão principalmente ligadas a chuvas intensas isoladas e localizadas. Trata-se de um evento de curta duração causado por um pico de descarga elevado. Os principais factores que potenciam as cheias rápidas incluem: intensidade, duração e distribuição da precipitação, declives acentuados, sedimentação dos canais dos rios, ausência de vegetação, fraca capacidade de infiltração do solo, falha das estruturas hidrológicas, libertação súbita de água das barragens e deslizamentos de terras.

2.4.6.1. Impacto das inundações no Estado Regional de Afar.

A região de Afar é uma das regiões pastoris da Etiópia mais expostas às alterações climáticas. A ecologia da região é frágil, o que provoca a degradação dos recursos naturais. O padrão de precipitação também varia de tempos a tempos devido à sua natureza errática e pouco fiável, que expõe as pessoas a vários problemas de risco de inundação criados em resultado do efeito combinado da topografia, da ocupação do solo, do escoamento das terras altas e das condições de precipitação torrencial intensa. Em geral, o aumento da população de gado e a pressão humana sobre o ambiente na região contribuem parcialmente para a alteração da variabilidade climática e para a prática insustentável de várias actividades socioeconómicas que, finalmente, criam inundações na região (Assefa, etal.2010).

2.4.6.2. Impacto das cheias no Estado Regional de Gambela.

A região de Gambela tem sido repetidamente afetada por inundações em diferentes períodos. Além disso, a ausência de uma política específica para o risco de inundações na região, cria um grande problema para integrar o programa de gestão de inundações de forma adequada. Por outro lado, a questão das inundações não é prioritária no quadro político regional, mas as suas consequências criam vários problemas em termos de danos humanos e materiais, como a perda de vidas, ferimentos, morte de gado e demolição de casas da maioria da população. O outro grande problema da região é a falta de uma avaliação exaustiva dos riscos de vulnerabilidade às inundações para fazer face aos seus efeitos prováveis, através da identificação correcta das pessoas e dos danos materiais na zona de risco de inundação (Samson, 2008).

2.5. Impacto das inundações em várias actividades.

2.5.1. Impacto das inundações nos recursos naturais.

O impacto ambiental das inundações extremas é complexo. Do ponto de vista da engenharia, as políticas de gestão das inundações abordam questões ambientais gerais através da prática de várias medidas de controlo das inundações. No entanto, devido a eventos extremos de inundação, estas medidas de controlo não funcionam e são confrontadas com vários desafios causados pelo homem e pela natureza. Com base neste facto, à medida que o homem constrói diques de controlo de cheias e desenvolve povoações na planície de inundação natural, inicia-se um jogo perigoso de efeitos hidrológicos que provavelmente terão impacto no ambiente. Em especial, as medidas estruturais de controlo de cheias para diques e reservatórios criam interrupções no sistema fluvial. Além disso, as inundações extremas afectam várias zonas húmidas, a biodiversidade e o habitat de recursos naturais diversificados (T.Hickey & D.Sales, 1995).

2.5.2. Impacto das inundações nas infra-estruturas.

Os efeitos nocivos das inundações são complexos. As inundações causam frequentemente danos importantes nas infra-estruturas, incluindo a perturbação de estradas, linhas ferroviárias, aeroportos, sistemas de abastecimento de eletricidade, abastecimento de água e sistemas de esgotos. Os efeitos económicos das inundações são frequentemente muito maiores do que os indicados pelos efeitos físicos das águas que entram em contacto com os edifícios. As perdas económicas indirectas estendem-se normalmente muito para além da zona inundada e podem durar muito mais tempo do que a própria inundação. A economia local e regional pode ser gravemente afetada por uma grande catástrofe causada por inundações, o que pode afetar seriamente a economia nacional do país (OMS, 2002).

2.5.3. Impacto das inundações na atividade socioeconómica.

Todos os anos, as inundações causam enormes prejuízos em todo o mundo. [th] Na última década do século XX, as inundações mataram cerca de 100 000 pessoas e afectaram mais de 1,4 mil milhões de pessoas, segundo um estudo do Centro de Investigação de Epidemiologia de Catástrofes de Bruxelas (CRED). De acordo com este estudo, as consequências mais graves e irreversíveis das inundações são a perda de vidas humanas (Jonkman, 2005). O efeito das inundações é um impacto significativo no bem-estar, emprego, mobilidade, bem-estar, resiliência psicossocial, relações e saúde mental das pessoas. Podem também causar enormes problemas sociais e de bem-estar que podem continuar durante longos períodos de tempo (HP A, 2011). Entre todos os riscos naturais, as inundações representam a maior ameaça para a propriedade, a segurança e o bem-estar económico das comunidades humanas, como nos Estados Unidos, onde o impacto económico das inundações é estimado em milhares de milhões de dólares por ano. O prejuízo médio anual atual das inundações é de 5,2 mil milhões de dólares e mais de 80 mortes por ano, segundo o Centro Nacional de Investigação Atmosférica de 2001 (Samuel, 2007, citado em NCAR, 2001).

2.5.4. Impacto das inundações na saúde.

O impacto sobre a saúde resultante das inundações é classificado em duas categorias: efeito direto e efeito indireto. O efeito direto das inundações é a exposição das pessoas a vários ferimentos e problemas relacionados. Por outro lado, o efeito indireto é causado por outros sistemas de danos causados pelas cheias, como infecções transmitidas pela água, doenças transmitidas por vectores, escassez de alimentos e efeitos agudos e crónicos da exposição a poluentes químicos libertados nas águas das cheias. De um modo geral, o número de mortes associadas às inundações está intimamente relacionado com as características das inundações em termos de tratamento da vida e com o comportamento das vítimas. Por outro lado, os problemas de saúde, nomeadamente sob a forma de problemas fisiológicos, podem persistir durante meses ou anos após uma inundação (OMS, 2002).

2.6. Abordagem de gestão das inundações urbanas.

Não é possível evitar totalmente as inundações, mas as consequências desastrosas do risco de inundação são resolvidas através de medidas de planeamento de emergência de gestão das inundações. A abordagem da gestão das inundações começa normalmente após uma inundação de grandes proporções. A gestão das inundações é um vasto espetro de actividades de recursos hídricos destinadas a reduzir os potenciais impactos nocivos das inundações nas pessoas, no ambiente e na economia da região. A principal limitação das actuais metodologias de gestão das inundações reside no facto de privilegiarem sobretudo os impactos económicos e prestarem pouca atenção aos impactos ambientais e sociais das inundações. Atualmente, a prática de gestão das inundações urbanas inclui um fator de segurança não quantificado. Como resultado, faltam geralmente dados medidos estatisticamente homogéneos do passado e não é possível prever as frequências de ocorrência de várias características do escoamento, como picos de caudal, volumes, transbordos, etc. No entanto, há locais onde se podem obter facilmente dados fiáveis sobre a precipitação e o escoamento superficial (Andjelkovic, 2001).

2.6.1. Tipos de inundações.

De acordo com (KJha,etal.2Oll), as cheias são classificadas em seis partes, nomeadamente: cheias urbanas, cheias fluviais, cheias pluviais e terrestres, cheias costeiras, cheias de águas subterrâneas e cheias repentinas.

2.6.1.1. Inundação urbana.

As inundações urbanas são uma questão cada vez mais preocupante, tanto para os países desenvolvidos como para os países em desenvolvimento. Causam danos em edifícios, obras de utilidade pública, habitações, bens domésticos, perdas de rendimento na indústria e no comércio, perda de emprego e interrupção dos sistemas de transporte. As inundações urbanas resultam tipicamente de uma combinação complexa de causas que estão sujeitas à força natural e à presença de aglomerados urbanos que agravam o problema. As inundações urbanas são também causadas por uma conceção incorrecta e deficiente do ordenamento do território. Para reverter este cenário, existem leis e regulamentos para controlar a construção de novas infra-estruturas e vários tipos de edifícios, no entanto, este regulamento não é devidamente aplicado e aplicável para resolver o problema. Em vez disso, o efeito leva à obstrução do percurso natural do fluxo de água, o que provoca inundações (Ibid, 2011).

2.6.1.2. Inundação fluvial ou fluvial.

As cheias fluviais ocorrem quando o escoamento das águas superficiais excede a capacidade dos canais naturais ou artificiais para acomodar o caudal. O excesso de água transborda para as margens do curso de água e alastra para as zonas adjacentes de planície aluvial de baixa altitude. Este tipo de inundação, comum no Mississipi, nos Estados Unidos, ou no Nilo, no Norte de África, inunda uma parte das suas planícies aluviais. Para além disso, pode inundar uma área maior das suas planícies aluviais com menos frequência, por exemplo uma vez em vinte anos, e atingir uma profundidade significativa apenas uma vez em cem anos, em média. Neste sentido, o caudal do curso de água e a altitude que atinge dependem de factores naturais, como a quantidade e o momento da precipitação, bem como de factores humanos, como a presença de aterros de confinamento (Ibid, 2011).

2.6.1.3. Inundações pluviais ou transvasculares.

As inundações pluviais ou terrestres são causadas pela queda de chuva ou derretimento de neve que não é absorvido pelo solo e flui sobre a terra e através das zonas urbanas, antes de atingir os sistemas de drenagem ou os cursos de água. Este tipo de inundação ocorre frequentemente em zonas urbanas devido à falta de permeabilidade da superfície terrestre, o que significa que a precipitação não pode ser absorvida com rapidez suficiente e acaba por provocar inundações. As inundações pluviais são frequentemente causadas por tempestades de verão localizadas ou por condições meteorológicas relacionadas com zonas de baixa pressão invulgarmente grandes. Caracteristicamente, a chuva ultrapassa os sistemas de drenagem, quando estes existem, e flui sobre a terra em direção às zonas baixas. Este tipo de inundações pode afetar uma grande área durante um período de tempo prolongado. As inundações pluviais também podem ocorrer regularmente em algumas áreas urbanas, particularmente em climas tropicais, drenando rapidamente, mas acontecendo com muita frequência, mesmo diariamente durante a estação das chuvas (Ibid, 2011).

2.6.1.4. Inundação costeira.

As inundações costeiras resultam da propagação do oceano ou da água do mar e são causadas por tsunamis, que são menos frequentes do que as tempestades e provocam grandes perdas nas zonas costeiras baixas. O tsunami do Oceano Índico de 2004 foi causado por um dos terramotos mais fortes jamais registados e afectou as costas em torno da orla oceânica, matando centenas de milhares de pessoas em catorze países (Ibid, 2011).

2.6.1.5. Inundação de águas subterrâneas.

As inundações de águas subterrâneas ocorrem quando o nível do lençol freático do aquífero subjacente numa determinada zona sobe até atingir o nível da superfície. Esta situação tende a ocorrer após longos períodos de elevada precipitação sustentada, quando os níveis de água aumentados podem causar inundações em terrenos secos normais. Isto pode tornar-se um problema, especialmente durante a estação das chuvas, quando estes cursos de água não perenes se juntam aos cursos de água perenes. Finalmente, isto resulta numa quantidade esmagadora de água numa área urbana. As inundações de águas subterrâneas são mais prováveis de ocorrer em áreas de baixa altitude cobertas por rochas permeáveis e o efeito das inundações de águas subterrâneas pode ser muito dispendioso. Uma vez que as águas subterrâneas respondem normalmente de forma lenta em comparação com os rios, podem demorar semanas ou meses a dissipar-se. Também é difícil evitar as inundações superficiais nas mesmas zonas, instalando bombas para baixar os lençóis freáticos subterrâneos (Ibid, 2011).

2.6.1.6. Inundação repentina

A Administração Nacional Oceânica e Atmosférica dos EUA define uma inundação repentina como uma inundação cujo pico surge no espaço de seis horas após o início de uma chuva torrencial. Por outras palavras, as inundações repentinas são criadas por tempestades convectivas locais ou pela libertação súbita de um reservatório a montante criado por uma barragem, um deslizamento de terras, um glaciar ou um bloqueio de gelo. A intensidade e a duração da precipitação, o estado da superfície, a topografia e o declive são alguns dos factores que contribuem para a criação de inundações repentinas. As zonas urbanas são particularmente susceptíveis a cheias repentinas porque uma grande percentagem das suas superfícies é composta por ruas, telhados e parques de estacionamento impermeáveis, onde o escoamento ocorre muito rapidamente. As cheias repentinas podem ser particularmente perigosas porque ocorrem subitamente e são difíceis de prever. Normalmente, afectam uma área mais localizada em comparação com outras inundações, mas ainda podem causar danos graves, uma vez que a água pode viajar a alta velocidade e transportar grandes quantidades de detritos, incluindo pedras, árvores e carros (Ibid, 2011).

Tabela 1:- Vários tipos de inundações

No	Types of flooding	Onset time	Duration
1	Urban Flood	Varies depending on the causes	From few hours to days
2	Pluvial and overland flood	Varies	Varies depending upon prior conditions

3	River of Fluvial Floods	Varies	Varies depending up on prior Conditions
4	Coastal Flood	Varies but usually fairly rapid	Usually a short time however, some times takes along time to retreat
5	Ground Water	Usually slow	Longer duration
6	Flash flood	Rapid	Usually a short often just a few hours

Fonte : (Kha, 2011).

2.6.2. Participação das partes interessadas na gestão das inundações.

A participação das partes interessadas permite a apropriação individual e comunitária, de modo a assumir responsabilidades e acções de compromisso intensivo na atenuação dos riscos de inundação. Também pode ajudar a tomar decisões sobre a partilha dos riscos entre várias entidades, tais como indivíduos, comunidades, municípios, governos estaduais e o governo nacional. A participação das partes interessadas começa com a formulação da visão e da política de gestão das inundações da bacia hidrográfica, cujo processo inicia a motivação do público para se envolver e cria a base comum para o debate entre as várias partes interessadas. Em geral, a avaliação do risco de inundação exigiu o envolvimento de vários actores. Mesmo a avaliação em si requer certos conhecimentos especializados para recolher e processar dados de forma participativa e transparente para criar confiança e fiabilidade dos conteúdos. Assim, esta é a parte essencial da capacitação das partes interessadas para compreender a necessidade e a exigência da gestão das inundações. Também ajuda a facilitar a comunicação da gestão do risco, especialmente em circunstâncias de emergência (WMO, 2007).

CAPÍTULO 3

3.1. Metodologia de investigação

3.2. Conceção da investigação.

Para a conceção da investigação, o investigador utilizou o tipo de investigação descritiva. Quanto à estratégia de investigação, foi utilizado o tipo de estudo de caso. No que diz respeito ao tempo de estudo, foi utilizado um desenho de estudo transversal que foi efectuado apenas uma vez ao longo do tempo. Relativamente à abordagem de investigação, o investigador utilizou dados qualitativos e quantitativos. A principal razão para escolher este método é que a natureza do estudo exigiu ambos os tipos de dados para examinar os impactos das inundações. Com base neste facto, para a expressão e medição numéricas, foi utilizada a abordagem de dados quantitativos. Enquanto que, para a avaliação subjectiva das atitudes, opiniões e comportamentos dos inquiridos, foi utilizada a abordagem de dados qualitativos.

3.3. Método de recolha de dados.

Os métodos de recolha de dados utilizados pelo investigador incluem entrevistas, questionários, discussões em grupo e observação no terreno. Com base neste facto, foram preparadas várias perguntas que foram distribuídas aos inquiridos de três agregados familiares de Keble e aos responsáveis de diferentes instituições governamentais da cidade de Adama, incluindo peritos, para recolher os dados necessários.

O investigador utilizou um sistema de perguntas abertas e fechadas para os questionários. No entanto, para a entrevista e para a discussão em grupo, apenas foi utilizado o sistema de perguntas abertas. Os questionários foram fornecidos apenas aos indivíduos que sabem ler e escrever. No entanto, para os agregados familiares analfabetos que não sabem ler e escrever, o investigador apoiou os inquiridos de modo a preencherem corretamente os questionários. Ao mesmo tempo, também se realizaram discussões em grupo com os inquiridos de famílias seleccionadas de três Keble's para recolher mais informações e para preencher as lacunas de informação em falta nos questionários. Por último, o investigador recolheu os dados necessários e seguiu as directrizes éticas, prestando muita atenção à qualidade, à consideração científica, ao profissionalismo e abstendo-se de plágio.

3.4. Técnica de amostragem

Relativamente às técnicas de amostragem, foi utilizado o método de amostragem probabilística e não probabilística. Através da amostragem probabilística, os agregados familiares inquiridos são seleccionados através de uma técnica de amostragem aleatória simples, o que resulta em hipóteses iguais de serem seleccionados. Por outras palavras, todos os inquiridos estão igualmente expostos ao impacto do risco de inundação. Por outro lado, para a amostragem não probabilística, foram seleccionados vários chefes de

O processo de amostragem para o estudo de investigação começa por identificar a área de estudo e, em seguida, determina o número total de agregados familiares de três Keble's. Por fim, utilizando a fórmula de determinação do tamanho da amostra, definiu-se o número total de agregados familiares dos três Keble's e, em seguida, distribuíram-se questionários aos inquiridos para recolher os dados necessários

3.4.1 . População ou Universo.

Na cidade de Adama existem 14 Keble's. No entanto, por razões de tempo e financeiras, o investigador seleccionou apenas três Keble's. Com base na informação obtida da FDRECCCSA (2010), o número total de agregados familiares nestes três Keble's é de 16528 (população-alvo). Para além disso, vários responsáveis de instituições governamentais da cidade de Adama e peritos também foram considerados como universo populacional.

3.4.2 Quadro de amostragem

Para enquadrar as suas amostras, o investigador seleccionou propositadamente 3 Keble's através de técnicas de amostragem não probabilísticas para selecionar os inquiridos. Com base nas informações da FDRECCCSA (2010), a população-alvo dos três Keble's é de 16528 agregados familiares e foi selecionada uma amostra de 167, de acordo com a fórmula de Kothari (1990) para determinar a dimensão da amostra, a fim de recolher as informações necessárias. Com base neste facto, foram retiradas amostras de Keble (02) =38, de Keble (03)=55 e, finalmente, de Keble (09)=74, de acordo com a proporção da população total de agregados familiares de cada Keble selecionado. Além disso, através de entrevista, foi selecionada uma amostra de 1 gestor do município da cidade de Adama, 3 peritos do município da cidade de Adama, 1 chefe do gabinete de prevenção e preparação para catástrofes de East Shewa Woreda da zona de Adama, 1 chefe do serviço de abastecimento de água e saneamento da cidade de Adama, 1 chefe dos serviços de saúde da cidade de Adama e 3 chefes da administração da kebele da área de estudo, num total de 10 amostras seleccionadas propositadamente e entrevistadas. Por último, para a discussão em grupo, foram seleccionados 8 agregados familiares de cada Keble e um total de 24 agregados familiares inquiridos, tendo sido feita uma discussão com eles para obter mais informações e elaborar o impacto do risco de inundações.

3.4.3 Unidade de amostragem

A unidade de amostragem do estudo de investigação inclui agregados familiares seleccionados de três Keble's, peritos, directores, organizações de administração governamental como o Município da cidade de Adama, o Gabinete de Prevenção e Preparação para Catástrofes de East Shewa Woreda da Zona de Adama, o serviço de abastecimento de água e saneamento da cidade de Adama, o Gabinete de Saúde da cidade de Adama e a administração de Keble da área de estudo.

3.3.4 . Dimensão da amostra

A amostra é uma pequena proporção retirada da unidade populacional total para analisar toda a população. De acordo com Kothari (1990), para determinar a dimensão da amostra, utiliza-se a seguinte fórmula

$$n= \frac{Z^2 x\ P\ x\ q}{d^2}$$

Onde; n= dimensão da amostra projectada

Z= Variável normal padrão ao nível de confiança requerido (93% de exatidão assumida=1,81)

P= características estimadas da população-alvo (0,5) q=l-p

d=nível de significância estatística da população-alvo (0,07)

A população total de agregados familiares de 3 Keble's é de 16528 e, para estimar as características da população-alvo, o investigador utilizou (0,5). Assim, com base na fórmula acima, o número total da dimensão da amostra da área de estudo é o seguinte

$$n= \frac{Z^2xPxq}{d^2} = \frac{(1.81)^2x0.5(0.5)}{(0.07)^2} = 167$$

Depois de determinar o tamanho da amostra, o investigador dividiu o tamanho da amostra proporcionalmente ao respetivo número total de agregados familiares de cada Keble selecionado. Por outras palavras, para retirar o elemento da amostra de cada Keble, foi utilizada a técnica de amostragem aleatória simples. Para aleatorizar o intervalo de amostragem, foi utilizado o valor I^{th} calculado como um rácio entre o total de agregados familiares seleccionados em cada Keble e o número total de agregados familiares da amostra em cada Keble

Assim, para determinar o intervalo de amostragem (I), aplica-se a seguinte fórmula:

$$I = \frac{\text{Total de agregados familiares em cada Keble}}{\text{Dimensão total da amostra de cada Keble}}$$

Tabela 2: Número total de agregados familiares, número de amostras e respetivo intervalo de amostragem em cada um dos Keble's seleccionados.

Sample of Areas Keble's	No. of House hold	No. of Sample Hhs Nk=(xk/N)*n	Sampling Interval I= (XK/NK)
02	3750	(3750/16528)x167 = 38	99
03	5485	(5485/16528)x167 = 55	99
09	7293	(7293/16528)x167 = 74	99
Total	16528	167	

Onde: Nk=Número de agregados familiares da amostra em cada Keble

N=Número total de agregados familiares na população de amostragem

Xk=Número de agregados familiares em cada Keble

n=Total da amostra da população de agregados familiares.

Por conseguinte, com base na fórmula acima, foram seleccionadas 167 amostras de agregados familiares inquiridos que representam toda a população de três Keble's da área de estudo.

3.5. Fonte de dados

A fim de recolher os dados relevantes e necessários para o estudo, o investigador utilizou fontes de dados primárias e secundárias.

3.5.1. Fontes de dados primários

Os dados primários foram recolhidos de quatro formas: entrevista, questionários, observação no terreno e discussão em grupo.

3.5.2. Fontes de dados secundários

Dados secundários recolhidos de relatórios anuais, escritos publicados e não publicados e trabalhos de investigação, da Internet, de dados meteorológicos e de várias organizações governamentais e materiais relacionados que podem ser considerados como apoio à atividade de investigação.

3.6. Análise e interpretação de dados

No que diz respeito à análise dos dados, os dados recolhidos de várias fontes, tais como: entrevista, questionários, observação no terreno, discussão em grupo e fonte de dados secundários, foram organizados, resumidos e analisados utilizando o Ms-excel, ferramentas analíticas SPSS, tabelas, figuras, mapas e percentagem.

3.7. Operacionalização do quadro

Para medir corretamente o objetivo da investigação e operacionalizá-lo, o investigador utilizará os seguintes indicadores/variáveis mensuráveis, como o valor, o número, o ativo, o rendimento, os dias e a natureza da inundação, para operacionalizar a atividade de investigação.

Quadro 3: Apresenta a definição operacional dos indicadores mensuráveis/variáveis do objetivo da investigação.

Research Objectives	Concepts	Variables	Method of Data Collection	Methods of Data Analysis
Flood Impact Assessment in the case of Adama City	Total property damage	Value of damage	Questionnaires & Interview	Descriptive Statistics
	Total number of death & Injuries	Number	Map & City contour , In-depth Interview & Questionnaires	Descriptive Statistics

Duration of flood event	Days	Questionnaires and Interview	Narrative Analysis
Type of diseases create as result of flood	Nature of disease	Questionnaires ,Interview & FGD	Descriptive Statistics
Loss of assets of People	Loss of Income	Questionnaires , Interview and FGD	Narrative Analysis

Fonte: Desenvolvido pelo autor, abril de 2013

3.8. Apresentação de dados

Os dados recolhidos a partir de fontes de dados primárias e secundárias, através de entrevistas, questionários, discussões em grupos de discussão e observação no terreno, foram analisados e apresentados de várias formas, através de tabelas, gráficos, figuras, fotografias e mapas.

3.9. Limitação

Durante a realização do estudo de investigação, o investigador deparou-se com vários desafios que não esperava antes.

Assim, alguns dos desafios que se colocam ao investigador são a falta de obtenção de dados adequados em qualidade e quantidade junto de várias instituições da cidade de Adama. Para além disso, alguns funcionários não estão dispostos a fornecer os dados necessários de forma gentil. O outro grande problema é a falta de obtenção de várias fontes de literatura relacionadas com o tema da investigação. Finalmente, também do lado dos inquiridos, alguns deles não fornecem informações confidenciais por vários motivos, o que acaba por ter impacto no resultado final da investigação.

No que diz respeito à consideração ética do estudo de investigação, o investigador não foi capaz de verificar a validade dos dados, utilizou a validade relacionada com o critério para prever o resultado através do indicador para estimar o nível de danos do impacto das inundações na sociedade. Quanto à fiabilidade dos dados, o investigador utilizou o método de triangulação, perguntando a vários grupos de indivíduos sobre o mesmo indicador para avaliar o impacto das inundações em várias actividades socioeconómicas.

CAPÍTULO 4

Análise e discussão dos dados

4.1. Introdução.

Este capítulo trata dos resultados obtidos através de questionários, entrevistas, discussões em grupo e várias fontes de dados secundários. No que diz respeito à análise dos dados, os dados recolhidos de várias fontes, explicados acima, foram organizados, resumidos e analisados utilizando o Ms-excel, ferramentas analíticas SPSS, tabelas, gráficos, percentagens e ferramentas SIG para o contorno e o padrão de drenagem da área de estudo selecionada. Com base nisto, este capítulo está dividido na secção seguinte.

Em primeiro lugar, começa-se com a demografia dos inquiridos, seguida dos resultados e da discussão. Em segundo lugar, as principais conclusões do resultado da tendência e do padrão das inundações, o nível de impacto das inundações no ambiente, na economia e na atividade social da sociedade. Em seguida, o nível de risco de inundação em termos de dia, a causa subjacente que agravou o risco de inundação, a infraestrutura de drenagem e o principal desafio em resultado do risco de inundação, o principal desafio criado em resultado do risco de inundação, o programa de sensibilização e o sistema de alerta precoce de inundação. Por último, os principais desafios enfrentados pela cidade para gerir as cheias, resultado da entrevista com várias organizações governamentais e não governamentais da cidade de Adama e discussão em grupo com famílias seleccionadas.

4.1.1. Resposta dos inquiridos.

Para este estudo, com base na natureza da superfície topográfica de altitude, o investigador seleccionou propositadamente três Keble's que estão inteiramente expostos ao risco de inundação. Com base nos dados da FDRECCCSA (2010), a população total da área de estudo é de 16528 agregados familiares e foi selecionada uma amostra de 167 agregados familiares utilizando a fórmula de determinação da dimensão da amostra.

De acordo com Kothari (1990), para determinar a dimensão da amostra, utiliza-se a seguinte fórmula:

$$n= \frac{Z^2xPxq}{d^2} = \frac{(1.81)^2x0.5(0.5)}{(0.07)^2} = 167$$

Onde; n= dimensão da amostra projectada

Z=Variável normal padrão ao nível de confiança requerido (93% de exatidão assumida=1,8

P=características estimadas da população-alvo (0,5) q=l-p d=nível de significância estatística da população-alvo (0,07) Mais uma vez, de cada Keble, de Keble (02)=38 amostras, de Keble (03)=55 amostras e de Keble (09)=74 amostras colhidas de acordo com a proporção da população total do agregado familiar. A principal razão para a variação do tamanho das amostras entre cada Keble é o facto de o número total de habitantes não ser o mesmo. Para além disso, em termos de cobertura de área, estes três Keble's variam. Com base neste facto, o tamanho da área de Keble (02) 9567707.17m^2 (956.77ha)$_j$ Keble (03) 39390127.38 m^2 (3939.01 ha) , e Keble(09) 19566288.72 m^2 (1956.62 ha). A partir deste resultado, é possível concluir que os três Keble's da área de estudo apresentam diferenças claras em termos de cobertura de área. Por esta razão, o número de amostras retiradas de cada Keble não é o mesmo em quantidade.

Além disso, para obter mais explicações, o investigador entrevistou vários chefes dos serviços sectoriais da cidade de Adama e peritos. Simultaneamente, foi realizada uma discussão em grupo com os agregados familiares seleccionados de três Keble's sobre o impacto do risco de inundação na atividade socioeconómica.

4.1.2. Resposta dos funcionários

De acordo com a tabela 4, do total de nove organizações governamentais e não governamentais da cidade de Adama que foram entrevistadas, a resposta dos funcionários foi de 100%. A partir daqui, é possível concluir que a discussão efectuada com diferentes funcionários mostra que é quase muito bom recolher as informações necessárias através da entrevista.

Quadro 4: Resposta dos funcionários por entrevista

No	Name of Office	Officials	Total	Percent (%)
1	Municipality of Adama city Manager	1	1	12.5
2	East shewa woreda Disaster prepardance & prevention office	1	1	12.5
3	Head of Adama city water supply & Sewage Service	1	1	12.5
4	Adama city Health office administration	1	1	12.5
5	02 Keble Administration	1	1	12.5
6	03 Keble Administration	1	1	12.5
7	09 Keble Administration	1	1	12.5
8	Ethiopian Red Cross Adama Branch	1	1	12.5
	Total	8	8	100

Fonte: Inquérito de campo, março de 2013.

4.1.3. Resposta do agregado familiar.

Para este estudo, o investigador distribuiu um total de 167 questionários aos inquiridos dos agregados familiares de três Keble's que foram seleccionados propositadamente. Assim, todos os questionários distribuídos foram devolvidos. Com base no quadro 5, a resposta a este inquérito foi de 100% e o resultado foi satisfatório para analisar os dados corretamente.

Tabela 5: Resposta do agregado familiar de 3 Keble's seleccionados

No	Name of Keble	Expected Response	Collected Response	Percentage (%)
1	Kebele02	38	38	100
2	Kebele03	55	55	100
3	Kebele09	74	74	100
	Total	167	167	100

Fonte: Inquérito no terreno, março de 2013.

4.1.4. Resposta de peritos e discussão em grupo.

No que diz respeito à resposta dos peritos, foram entrevistados os três peritos, nomeadamente o perito em ambiente, o perito em cartografia e o perito em saneamento, pelo que a resposta a este inquérito foi de 100%. Relativamente à resposta da discussão em grupo com os Keble's seleccionados, a taxa de resposta da discussão em grupo do agregado familiar foi de (100%). Ao mesmo tempo, com os inquiridos da discussão em grupo, foi feito um debate muito importante sobre o impacto global dos danos causados pelas cheias em cada Keble selecionado da área de estudo.

Quadro 6: Respostas dos peritos e dos grupos de discussão dos inquiridos do agregado familiar

No	Rate of Response	Expected Response	Collected Response	Percent (%)
1	Expert of Adama city Municipality	3	3	100
	Total		3	100
2	Focused group discussion household Respondents			
	Kebele02	8	8	33.33
	Kebele03	8	8	33.33
	Kebele09	8	8	33.33
	Total		24	100

Fonte: Inquérito no terreno, março de 2013.

4.2. Principais resultados e discussão dos questionários

4.2.1 Dados demográficos (sexo, idade e estado civil) dos inquiridos

Na outra ala, os homens e as mulheres têm forças diferentes para escapar ao impacto do perigo de inundação. O perfil demográfico dos inquiridos, que consiste no sexo, idade e estado civil em Keble selecionado da área de estudo, é explicado da seguinte forma. De acordo com a tabela 7, para a composição do sexo, do total de 167 respostas, 54,5% dos inquiridos eram do sexo masculino, enquanto 45,5% dos inquiridos eram do sexo feminino. Este resultado implica que o número de inquiridos do sexo masculino é ligeiramente superior ao do sexo feminino numa pequena proporção. No entanto, esta variação não pode afetar o resultado final do estudo, uma vez que todos os inquiridos são iguais.

probabilidade de serem expostos a riscos de inundação. A partir da tabela 7, a composição etária de 38 (22,8%) dos inquiridos situa-se entre os 18 e os 25 anos, 11 (6,6%) entre os 25 e os 35 anos. Por outro lado, 79 (47,3%) e 38 (22,8) dos inquiridos têm idades compreendidas entre 35-45 e 45-65 anos, respetivamente. O restante 1 (0,6%) dos inquiridos tem mais de 65 anos. Este resultado indica que a maioria dos inquiridos com idades compreendidas entre os 35 e os 45 anos implica que permanecem na cidade durante um período de tempo mais longo. Assim, foi uma boa oportunidade para recolher dados anteriores dos inquiridos. Finalmente, no que respeita ao estado civil, 30 (18%) dos inquiridos são solteiros e 120 (71,9%) são casados. Os restantes 5 (5%) e 12 (7,2%) dos inquiridos são divorciados e viúvos, respetivamente. Isto mostra que, do total de inquiridos, a maioria é casada e tem família, em comparação com os solteiros e os viúvos (ver quadro 7).

Tabela 7: Sexo, idade e estado civil dos inquiridos do agregado familiar de 3 Keble's seleccionados

No.	Sex ,Age & Marital status of household	Sex			Age						Marital status				
		M	F	Total	18-25	25-35	35-45	45-65	>65	Total	Single	Married	Divorced	Widowed	Total
1	Frequency	91	76	167	38	11	79	38	1	167	30	12o	5	12	167
2	Percentage (%)	54.5	45.5	100	22.8	6.6	47.3	22.8	0.6	100	18	71.9	3	7.2	100

Fonte: Fie d inquérito, março de 2013

4.2.2. Nível de instrução do agregado familiar Inquiridos

O estatuto educacional da área de estudo inclui todos os tipos de nível educacional, desde o analfabetismo até ao doutoramento. Na tabela 8, 7,8% (13) dos inquiridos são analfabetos, 19,2% (32) têm até 5 anos de escolaridade, 23,4% (39) têm até 10 anos de escolaridade, 31,7% (53) têm entre 10 e 12 anos de escolaridade, 13,2% (22) têm um diploma, e os restantes 4,2% (7) e 0,6% (1) têm um diploma e um doutoramento, respetivamente. Este resultado indica que, do total de inquiridos, a maior parte da percentagem do nível de ensino situa-se, em média, entre o 10° e o 12° ano. Assim, a maioria dos inquiridos compreende melhor e pode dar facilmente a sua resposta.

4.2.3. Duração dos agregados familiares inquiridos na área de estudo

De acordo com a tabela 8, abaixo apresentada, no que respeita à duração da estadia dos agregados familiares na cidade, 47,9% (80) deles permanecem entre 5 e 10 anos, 32,9% (55) permanecem menos de 5 anos e os restantes 19,2% (32) permanecem na cidade mais de 20 anos. A partir daqui, é possível concluir que a maioria dos inquiridos fica na cidade entre 5 e 10 anos. Assim, é uma oportunidade para obter boas informações dos inquiridos de acordo com o período de permanência na cidade.

Tabela 8. Nível de instrução e duração da estadia do agregado familiar Inquiridos de três Keble's

No	Education & Length of stay of household Respondents	Educational Status								Length of Stay in the city in terms of year			
		Illiterate	Up to 5 Grade	Up to 10 Grade	10-12 Grade	Diploma	BA Degree	Doctorate	Total	< 5 year	5-10 Year	> 20 Year	Total
1	Frequency	13	32	39	53	22	7	1	167	55	80	32	16 7
2	Percentage (%)	7.8	19.2	23. 4	31. 7	13.2	4.2	0.6	100	32. 9	47. 9	19.2	10 0

Fonte: Elaborado pelo investigador, 2013

4.2.4. Tipo de casas dos inquiridos

As casas de betão têm uma forte capacidade de resistir à exposição a inundações. Pelo contrário, as casas de barro são menos resistentes aos danos causados pelas cheias. De acordo com a tabela 9 abaixo, na área de estudo, do total de inquiridos, 56 (33,5%) têm casas de betão, enquanto os restantes 111 (66,5%) têm casas de barro. A partir do resultado final da análise, é possível concluir que, a maior percentagem de casas é de barro, que tem um baixo nível de capacidade de resistir ao risco de inundação. Para corroborar a ideia acima exposta, o investigador, também durante a observação no terreno, verificou que a maioria das casas são de barro e estão expostas ao impacto das cheias.

Tabela 9: Tipo de casas dos inquiridos de três Keble's

No	Type of house of Respondents households	Frequency	Percent (%)
1	Concert House	56	33.5
2	Mud house	111	66.5
	Total	167	100

Fonte: Inquérito de campo, março de 2013.

4.3Tendência e padrão das inundações na cidade de Adama

Para avaliar o nível de impacto do perigo de inundação, a frequência, a magnitude e a gravidade são consideradas como um dos componentes da determinação do risco de avaliação do impacto das inundações. Com base na discussão do diretor de três Keble da área de estudo, os danos causados pelas cheias têm sido extremamente graves nas últimas décadas, tanto em termos de frequência como de intensidade. De acordo com os resultados do estudo, as inundações são um problema recorrente na cidade, que ocorre todos os anos, e a sua magnitude aumenta de tempos a tempos.

4.3.1 Frequência das inundações

De acordo com a tabela 10 abaixo, dos 167 agregados familiares inquiridos, 95,2% (159) dos inquiridos responderam que a frequência das cheias ocorre de 1 em 1 ano, enquanto 1,2% (2) e 3,6% (6) dos inquiridos disseram que de 2 em 2 anos e de 5 em 5 anos, respetivamente, e, finalmente, nenhum deles respondeu que a frequência das cheias ocorre de 10 em 10 anos. Este resultado implica que a maioria dos inquiridos respondeu que a frequência das inundações ocorre todos os anos. A partir daqui, é possível concluir que o problema das cheias na cidade de Adama é um problema recorrente que ocorre todos os anos. Para corroborar a ideia anterior, com base na informação do diretor da administração de Keble, na área de estudo, a frequência das cheias é anual, mas a sua intensidade é diferente.

Tabela 10: Frequência das inundações na área de estudo.

No	Questions & Responses		No. of Respondents in each Keble			Frequency	Percent (%)
	Questions	Responses	Keble (02)	Keble (03)	Keble (09)		

1	Frequency of flood	Every 1year	75	54	30	159	95.2
		Every 2Year	-	2	-	2	1.2
		Every 5year	6	-	-	6	3.6
		Every 10 year	-	-	-	0	0
		Total	83	57	30	167	100

Fonte: Inquérito de campo, março de 2013

4.3.2. Magnitude das inundações na cidade

Com base na tabela 11, a magnitude do risco de inundação na área de estudo, 99,4% (166) dos inquiridos disseram que está a aumentar, enquanto 0,65% (1) se recusaram a dar a sua resposta. Finalmente, nenhum deles disse que estava a diminuir. Deste modo, é possível concluir que a maioria dos inquiridos concordou com o aumento da magnitude do risco de inundação na cidade.

Tabela. 11.Magnitude da inundação na área de estudo

No	Questions & Responses		No. of Respondents in each Keble			Frequency	Percent (%)
	Questions	Responses	Keble (02)	Keble (03)	Keble (09)		
2	Magnitude of flood	Increasing	36	55	75	166	99.4
		Decreasing	-	-	-	0	0
		Refused	-	1	-	1	0.6
		Total	36	56	75	167	100

Fonte: Inquérito de campo, março de 2013

4.3.3. Gravidade do risco de inundação na cidade

Relativamente à gravidade do risco de inundação, conforme indicado na tabela 12 abaixo, 89,8% (150) dos inquiridos disseram que era muito elevado, 5,4% (9) e 4,8% (8) disseram que era elevado e moderado, respetivamente. Com base no resultado da análise, é possível concluir que a gravidade do risco de inundação, particularmente na área de estudo, é muito elevada, devido ao facto de os Keble's seleccionados da área de estudo se encontrarem em zonas baixas e servirem como principal escoadouro para a bacia hidrográfica superior.

Tabela 12: Gravidade do risco de inundação na área de estudo

No	Questions & Responses		No. of Respondents in each Keble			Frequency	Percentage (%)
No	Questions	Responses	Keble (02)	Keble (03)	Keble (09)		
3	Severity of flood	Very High	54	21	75	150	89.8
		High	9	-	-	9	5.4
		Moderate	8	-	-	8	4.8
		Total	71	21	75	167	100

Fonte: Inquérito de campo, março de 2013.

4.4. Nível de impacto das inundações no ambiente, na economia e na atividade social da sociedade.

O risco de inundação tem o seu próprio efeito no ambiente e na atividade social e económica da sociedade. Especialmente nas zonas urbanas, foram realizadas muitas actividades, desde o sector das pequenas empresas até à atividade industrial mais elevada. Assim, uma infraestrutura adequada de rede de drenagem é um ponto fulcral no desenvolvimento da cidade. No entanto, na área de estudo, esta infraestrutura é muito deficiente. Por conseguinte, os vários organismos administrativos governamentais devem dar uma resposta imediata para resolver o problema.

4.4.1. Impacto ambiental

As inundações estão a causar diferentes impactos ambientais que deterioram a configuração física e o ambiente na cidade. De acordo com as conclusões do estudo, a degradação da terra, a erosão do solo, a deposição de sedimentos e a acumulação de resíduos sólidos são alguns dos impactos ambientais dominantes na área de estudo. De acordo com a tabela 10 abaixo, de um total de 167 agregados familiares inquiridos, 41 (24,6%) responderam que a erosão do solo é o principal fator de impacto ambiental. Enquanto 3 (1,8%), 70 (41,9%) e 44 (26,3%) dos inquiridos responderam que a degradação dos solos, a deposição de sedimentos e a acumulação de resíduos sólidos são, respetivamente, factores de impacto ambiental. Finalmente, os restantes 9 (5,4%) dos inquiridos responderam que todos os problemas acima referidos foram considerados como impacto ambiental. O resultado final da análise indica que a maioria dos inquiridos, com uma percentagem mais elevada, concordou com a deposição de sedimentos como principal fator de criação de impacto ambiental. Por conseguinte, para minimizar o problema da deposição de sedimentos, a administração da cidade deve dar prioridade à reabilitação das bacias hidrográficas superiores através de uma abordagem de conservação do solo e da água, como o soli bund, o stone bund e a plantação de várias árvores na encosta.

Foto 1. Erosão do solo e deposição de sedimentos (do lado esquerdo e direito, respetivamente) Respetivamente.

Fonte: Cruz Vermelha Etíope (Foto), julho de 2012

4.4.2. Impacto económico

As cheias perturbam a prosperidade, a segurança e a comodidade das povoações humanas, o que tem um grande impacto nos meios de subsistência das pessoas. Na área de estudo, as cheias são um problema recorrente que ocorre todos os anos e causa vários impactos económicos. A este respeito, foram distribuídos questionários aos inquiridos para analisar o impacto económico das inundações na área de estudo.

Com base neste facto, de um total de 167 agregados familiares inquiridos, 1,8% (3) disseram que as inundações provocam perda de rendimentos, 14,4% (24) responderam que provocam perda de propriedade, 2,4% (4) dos inquiridos concordaram com a perturbação da atividade comercial e 81,4% (136) responderam que todas as questões acima explicadas são consideradas como impacto económico criado em resultado do risco de inundações. Isto implica que, do total de inquiridos, a maioria, com uma percentagem mais elevada (81,4%), incorporou todos os tipos de resposta, nomeadamente a perda de rendimentos, de propriedade e a perturbação da atividade empresarial. Assim, é possível concluir que, na área de estudo, o impacto económico das cheias é altamente diversificado e mais amplo na sua cobertura, afectando os meios de subsistência da sociedade (ver tabela 13).

4.4.3. Impacto social

As inundações constituem uma ameaça para a vida, a saúde e o bem-estar do ser humano. Os resultados desta investigação mostram que, socialmente, as inundações têm impacto nos ferimentos, na morte, na comunicação, no impacto psicológico e na destruição de casas.

De acordo com a tabela 13, de um total de 167 agregados familiares inquiridos, 3 (1,8%) responderam que o impacto social das inundações é a ocorrência de ferimentos, 5 (3%) e 21 (12,6%) responderam que o impacto social das inundações provoca a morte e cria barreiras de comunicação, respetivamente. Por outro lado, 3 (1,8%) e 87 (52%) dos inquiridos responderam que o impacto social das inundações é a destruição de casas e o impacto psicológico. Finalmente, 48 (28,7%) dos inquiridos responderam que todos os problemas acima referidos são considerados como impacto social do risco de inundação.

Além disso, com base na resposta do grupo de discussão, o risco de inundação de 2012 é socialmente mais perturbador na criação de problemas como o stress e o impacto psicológico.

Tabela 13. Impacto ambiental, social e económico das inundações na cidade de Adama

No.	Question	Response	No. of Respondents in each Keble`s			Frequency	Percent (%)
			Keble (02)	Keble (03)	Keble (09)		
1	Environmental Impact of flood	Soil erosion		-	41	41	24.6
		Land degradation		-	3	3	1.8
		Silt deposition	40	-	30	70	41.9
		Solid waste accumulation	44	-		44	26.3
		All	9	-		9	5.4
		Total	93	-	74	167	100

	Social Impact of flood	Injuries	-		3	3	1.8
		Death	-	-	5	5	3
		Communication barrier	-	-	21	21	12.6
		Destroy homes	-	3	-	3	1.8
		Cycological Impact	42	-	45	87	52.1
		All	48	-	-	48	28.7
2		Total	90	3	74	167	100
	Economic Impact of flood	Loss of Income	-	-	3	3	1.8
		Property Loss	-	-	24	24	14.4
		Disruption of business activity	-	-	4	4	2.4
		All	37	55	44	136	81.4
3		Total	37	55	75	167	100

Fonte: Inquérito no terreno, março de 2013.

4.5. Nível de impacto do risco de inundação em termos de fator tempo.

De acordo com a taxa de capacidade de infiltração e o fator relacionado, o nível de impacto do risco de inundação varia na área de estudo. De acordo com a tabela 14 abaixo, no que diz respeito ao nível de impacto do risco de inundação em menos de 1 dia, 14,4% (24) responderam que não há impacto, enquanto 8,4% (14) e 34,1% (57) responderam que o impacto é menor e moderado, respetivamente. Os restantes 43,1% (72) responderam que o nível de impacto era elevado em menos de um dia. Este resultado implica que, a partir dos quatro pontos de vista acima referidos, é importante notar que o risco de inundação tem um elevado nível de impacto em menos de um dia na zona inferior de Keble da área de estudo selecionada. Relativamente ao nível de impacto do risco de inundação em 1 a 2 dias, 1,2% (2) dos inquiridos responderam que não havia impacto. Enquanto 4,2% (7) e 21,6% (36) dos inquiridos disseram que o impacto era menor e moderado, respetivamente. Por último, os restantes 73,1% (122) dos inquiridos responderam que o impacto do risco de inundação no prazo de 1-2 dias é elevado. Dos quatro pontos de vista acima referidos, é importante notar que, na área de estudo, o nível de impacto do risco de inundação entre 1 e 2 dias também é elevado, com base na resposta da maioria dos inquiridos. Para o nível

do impacto do risco de inundação de 3 a 4 dias, 0,6% (1) dos inquiridos responderam que não havia impacto. Enquanto 3,6% (6) e 1,8% (3) dos inquiridos responderam que o impacto era menor e moderado, respetivamente. Por último, os restantes 94% (157) dos inquiridos responderam que o impacto do risco de inundação é elevado no prazo de 1-2 dias. A partir deste resultado, é possível concluir que, na área de estudo, o impacto do perigo de inundação dentro de 3 a 4 dias é de alto nível, com base na concordância da maioria dos inquiridos. Quanto ao nível de impacto do risco de inundação entre 5 e 7 dias, 0,6% (1) dos inquiridos responderam que não há impacto, enquanto 3,6% (6) e 1,8% (3) dos inquiridos disseram que o impacto é menor e moderado, respetivamente. Finalmente, os restantes 94% (157) dos inquiridos responderam que o impacto do risco de inundação é elevado no prazo de 5-7 dias. A partir dos quatro pontos de vista acima referidos, é importante notar que, com base na resposta da maioria dos inquiridos na área de estudo no prazo de 5 a 7 dias, o nível de impacto do risco de inundação é elevado, com base na resposta da maioria dos inquiridos, devido ao fluxo de água proveniente da zona superior acumulado na zona inferior de Keble da área de estudo.

Por último, no que respeita ao nível de impacto do risco de inundação durante mais de uma semana, 0,6% (1) dos inquiridos afirmou que não havia impacto. Enquanto que 5,4% (9) e 0,6% (1) dos inquiridos disseram que o impacto era menor e moderado, respetivamente. Finalmente, os restantes 93,4% (156) dos inquiridos responderam que o nível de impacto do risco de inundação é elevado, com mais de uma semana. Este resultado indica que, na área de estudo, o nível de impacto do risco de inundação com mais de uma semana foi muito elevado, de acordo com a explicação dos inquiridos. Noutra ala, a água proveniente da captação superior flui diretamente para este Keble selecionado e acumula-se durante um período de tempo mais longo.

Tabela 14. Nível de impacto do risco de inundação na área de estudo em termos de dia

No	Question	Response	No. of Respondents in each Keble			Frequency	Percent (%)
			Keble02	Kebl03	Keble09		
1	Level of impact of flood hazard with < 1 day	No impact	-	-	24	24	14.4
		Less	-	-	14	14	8.4
		Moderate	-	-	57	57	34.1
		High	35	37	-	72	43.1
		Total	35	37	96	167	100
2	Level of impact of flood hazard with 1- 2 day.	No impact	-	-	2	2	1.2
		Less	-	-	7	7	4.2
		Moderate	-	-	36	36	21.6
		High	38	55	29	122	73.1
		Total	38	55	74	167	100
3	Level of impact of flood hazard with 3 -4 day	No impact	-	-	1	1	0.6
		Less	-	-	6	6	3.6
		Moderate	-	-	3	3	1.8
		High	55	38	64	157	94
		Total	55	38	74	167	100

4	Level of impact of flood hazard with 5-7day	No impact	-	-	1	1	0.6
		Less	-	-	6	6	3.6
		Moderate	-	-	3	3	1.8
		High	55	38	64	157	94
		Total	55	38	74	167	100
5	Level of impact of flood hazard with> 1 week	No impact	-	-	1	1	0.6
		Less	-	-	9	9	5.4
		Moderate	-	-	1	1	0.6
		High	35	56	65	156	93.4
		Total	35	56	76	167	100

Fonte: Inquérito de campo, março de 2013.

4.6. Causa subjacente que agravou o risco de inundação

Na área de estudo, a variabilidade da chuva, a topografia natural, a ausência de uma gestão adequada das inundações e os problemas de drenagem são alguns dos principais factores considerados como causa subjacente que aumentam o risco de inundação. Com base na tabela 15 abaixo, relativamente à causa do aumento do risco de inundação, 6,6% (11) disseram que a topografia natural é considerada a causa principal, 0,6% (1) disseram que a variabilidade da chuva. Por outro lado, 11,4% (19), 67,1% (112) e 14,4% (24) responderam que a ausência de uma gestão adequada das inundações e o problema de drenagem são as causas principais, todas elas explicadas acima (topografia natural, variabilidade das chuvas, ausência de uma gestão adequada das inundações e problema de drenagem), respetivamente. Por último, nenhum deles quis responder que a ausência de um plano adequado de utilização dos solos era a causa subjacente ao agravamento do risco de inundações. Em geral, com base no resultado final da análise, a maioria dos inquiridos respondeu que o problema de drenagem é o principal fator de agravamento do risco de inundações na cidade.

Para corroborar a ideia anterior, com base na observação no terreno, o investigador também aprova que, especialmente na área de estudo, as infra-estruturas de drenagem são difíceis. Em consonância com este facto, a cobertura das infra-estruturas de drenagem também é muito baixa. Para além disso, as infra-estruturas de drenagem já estabelecidas, quebradas e preenchidas pela deposição de sedimentos, criam um excesso de fluxo de água.

Tabela 15. Causas subjacentes que agravam o risco de inundação

No.	Main cause	No. Respondents in each Keble			Frequency	Percent %
		Keble(02)	Keble(03)	Keble(09)		
1	Topographic surface	-	-	11	11	6.6
2	Rain Variability	-	-	1	1	0.6
3	Management problem	-	-	19	19	11.4
4	Drainage Problem	14	98	-	112	67.1
5	All	24	-	-	24	14.4
6	Absence of proper Land Use plan	-	-	-	0	0
7	Total	38	98	31	167	1000

Fonte: Inquérito de campo, março de 2013

De acordo com a foto nº 2 tirada pelo pesquisador, na área de estudo de 02 Keble, como mostrado abaixo na foto, a maioria das infra-estruturas de drenagem estão algumas delas quebradas, enquanto outras o sistema de rede de drenagem não foi feito de forma adequada.

Foto2.Algumas das infra-estruturas de drenagem não foram implementadas de acordo com as normas correctas

Fonte: Fotografia tirada pelo investigador, março de 2013.

De acordo com a foto no.3 tirada pelo pesquisador, na área de estudo de 09 e 02 Keble como mostrado abaixo explicado pela foto a maioria das calçadas que foram feitas pela administração da cidade totalmente não tem infraestrutura de drenagem de água adequada.

Foto 3 - Algumas das estradas de paralelepípedos que não têm drenagem adequada

Fonte iPhoto tirada pelo investigador, março de 2013

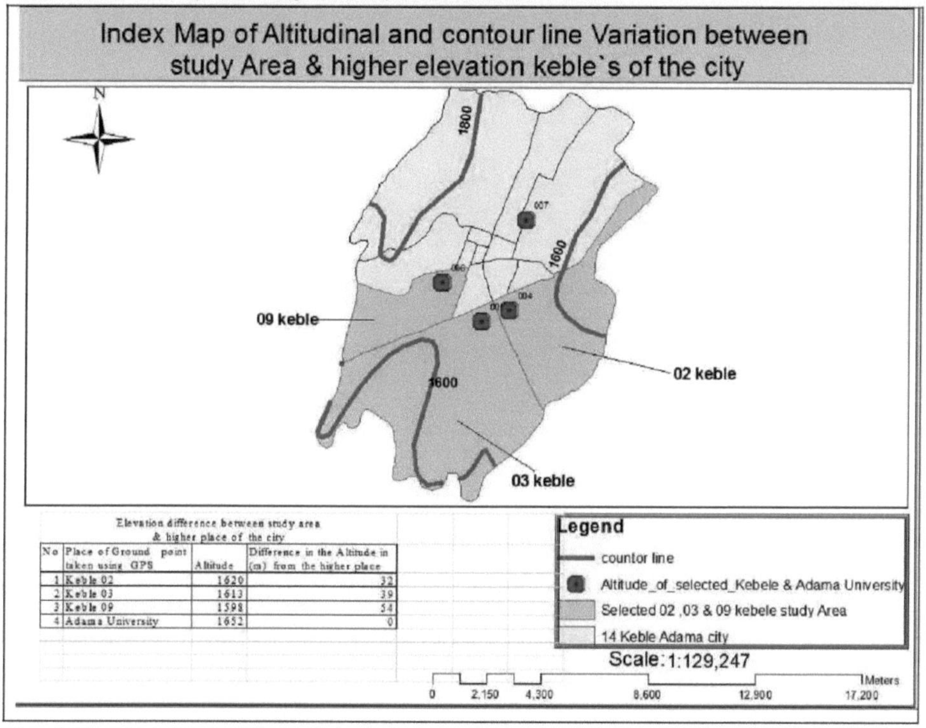

Elevation difference between study area & higher place of the city

No	Place of Ground point taken using GPS	Altitude	Difference in the Altitude in (m) from the higher place
1	Keble 02	1620	32
2	Keble 03	1613	39
3	Keble 09	1598	54
4	Adama University	1652	0

Mapa.2 Mapa de índice de altitude e linha de contorno da área de estudo e dos locais mais altos da cidade. Fonte: Elaborado pelo investigador,abril.2O13

De acordo com o Mapa 2, relativo à linha de contorno, a variação altitudinal entre a área de estudo e os locais mais elevados da encosta é de cerca de 200m. Isto indica que a área de estudo se encontra numa superfície topográfica mais baixa. Como resultado, toda a drenagem de água da superfície de captação superior flui para esta área e agrava o risco de inundação. Para além disso, com base nos dados obtidos por GPS entre a área de estudo e os locais mais elevados, como a Universidade de Adama, existe uma diferença de elevação de 32 a 54 m. Por conseguinte, é possível concluir que a área de estudo se encontra a uma altitude inferior que pode estar exposta ao risco de inundações.

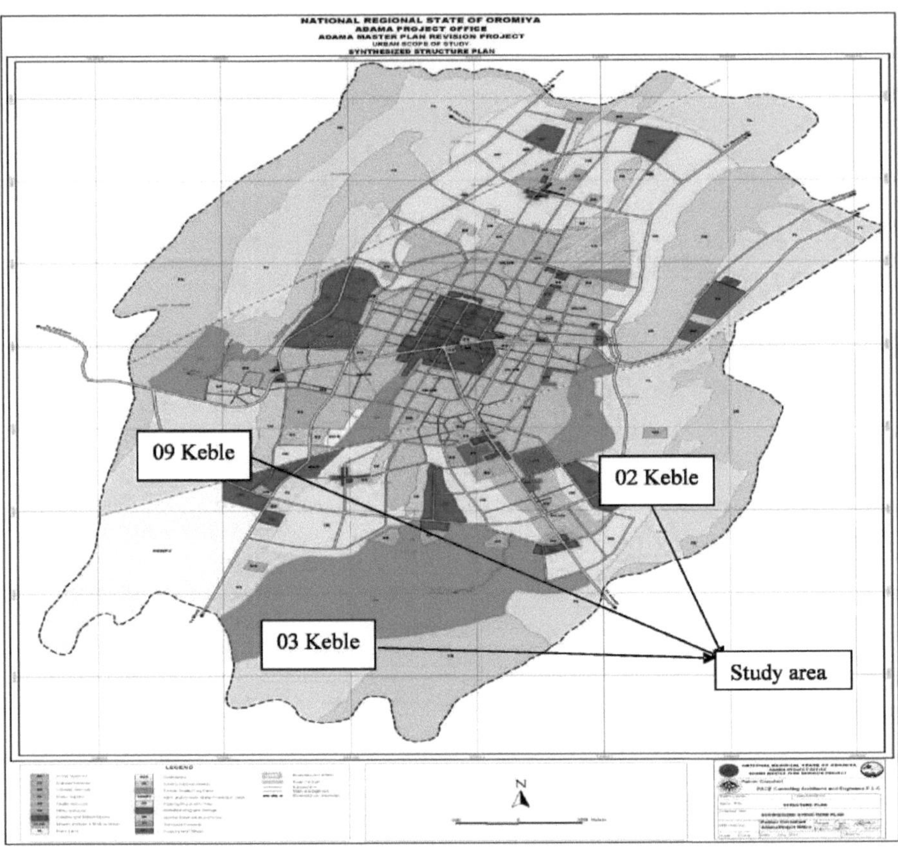

Mapa 3: Mapa de utilização do solo da cidade de Adama e da área de estudo

Fonte : Instituto de Planeamento Urbano de Oromia, abril de 2013

De acordo com o Mapa 3, ao nível da cidade, existem diferentes tipos de uso do solo específicos para a área de estudo. Os tipos de uso do solo incluem: terminal de transportes (TT), serviços gerais (GS), escritórios do governo (Gov), zona de proteção agrícola e das águas subterrâneas (FGWPZ), floresta (verde informal) IG, terrenos agrícolas (FL), serviços de utilidade pública (US), verde formal (parque da cidade) CP, serviços de saúde (HS), serviços sociais (SS), produção e armazenamento (MS), horticultura (HCR), uso misto do solo e áreas construídas (MLUP), centro e mercado (CM) e, finalmente, área de expansão habitacional (HE). Armazenamento (MS), Horticultura (HCR), Uso misto do solo e áreas construídas (MLUP), Centro e mercado (CM) e, finalmente, área de expansão habitacional (HE).Com base na informação acima referida, na área de estudo, a maioria dos terrenos está coberta por vários tipos de utilização mista do solo, enquanto a área de cobertura de terrenos agrícolas, zonas de proteção das águas subterrâneas e florestas (verde informal) é relativamente pequena. A partir daqui, é possível concluir que uma grande área de terrenos agrícolas e florestais é importante para a retenção e escoamento das águas pluviais, a sua quantidade diminui muito e, finalmente, a taxa de fluxo de água aumenta e aumenta o risco de inundação.

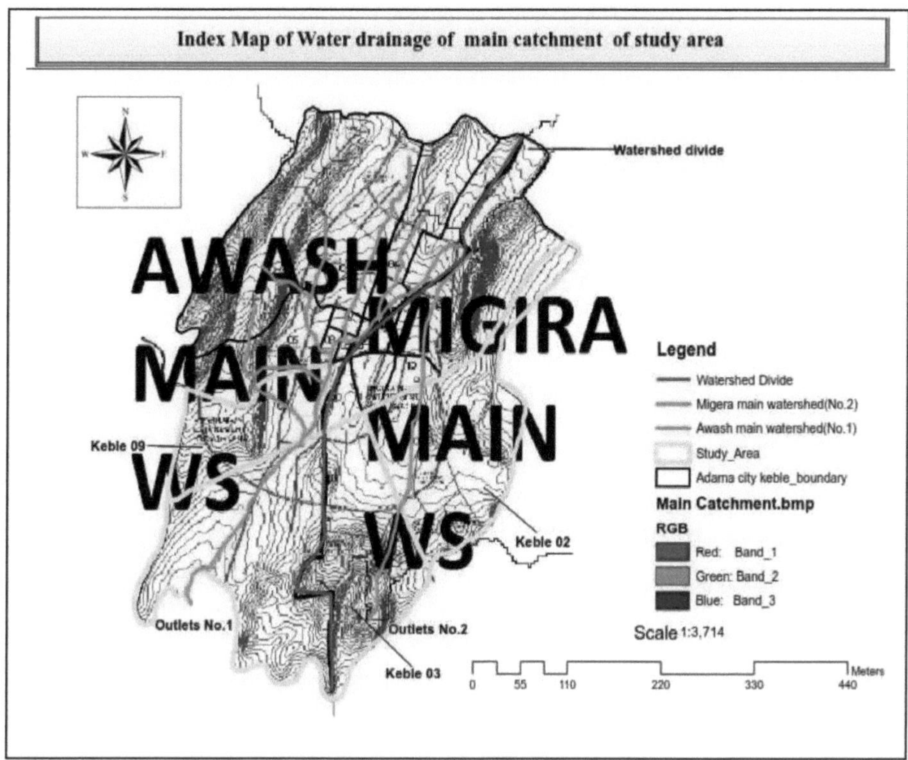

Mapa.4.Índice Mapa da bacia hidrográfica da zona de estudo

Fonte: Elaborado pelo Investigador,maio,2013

De acordo com o Mapa 4 explicado acima, toda a captação superior de drenagem de água da cidade passa como saída através de 02 e 03 Keble. Ao nível da cidade, existem dois sistemas de bacias hidrográficas principais, nomeadamente: o sistema de bacias hidrográficas de Awash e o sistema de bacias hidrográficas de Migera. O sistema da bacia hidrográfica do Awash passa pelo 09 Keble e finalmente junta-se ao rio Awash. Por outro lado, a bacia hidrográfica do Migera atravessa o 02 Keble e é armazenada perto deste local, criando a deslocação de muitas pessoas. A partir daqui, é possível concluir que, embora os Keble da área de estudo sirvam de escoadouro para o sistema de drenagem de água, pelo contrário, a infraestrutura da rede de drenagem que suporta o fluxo de descarga de água é insignificante e cria um enorme impacto na atividade socioeconómica da sociedade.

4.6.1. Variabilidade da precipitação e da temperatura

De entre os vários factores que causam inundações, a chuva e a variabilidade da temperatura são considerados o principal componente das alterações climáticas. Assim, a precipitação e a variabilidade da temperatura têm a sua própria contribuição para as alterações climáticas que resultam no perigo de inundações.

4.6.1.1 . Queda de chuva.

De acordo com a tabela 16, baseada em dados meteorológicos para 10 anos sucessivos (2003-2012), na área de estudo a intensidade da queda de chuva é muito elevada, especialmente em 2012, quando comparada com outros anos. A partir daqui é possível concluir que; com base na fig.l, a tendência de queda de chuva especialmente para 2012 a sua intensidade muito elevada em comparação com o outro ano.

Tabela 16.Tendência da queda de chuva de (2003-2012)

No	Year	Max. Rainfall(mm)	Min. Rainfall(mm)
1	2003	279.7	0
2	2004	227.3	1.6
3	2005	165	0
4	2006	225	0.5
5	2007	344.4	0
6	2008	353.1	0
7	2009	156.1	0
8	2010	242.9	0
9	2011	215.1	0
10	2012	500.8	0

Fonte: Agência de Meteorologia (Delegação de Adama), março de 2013

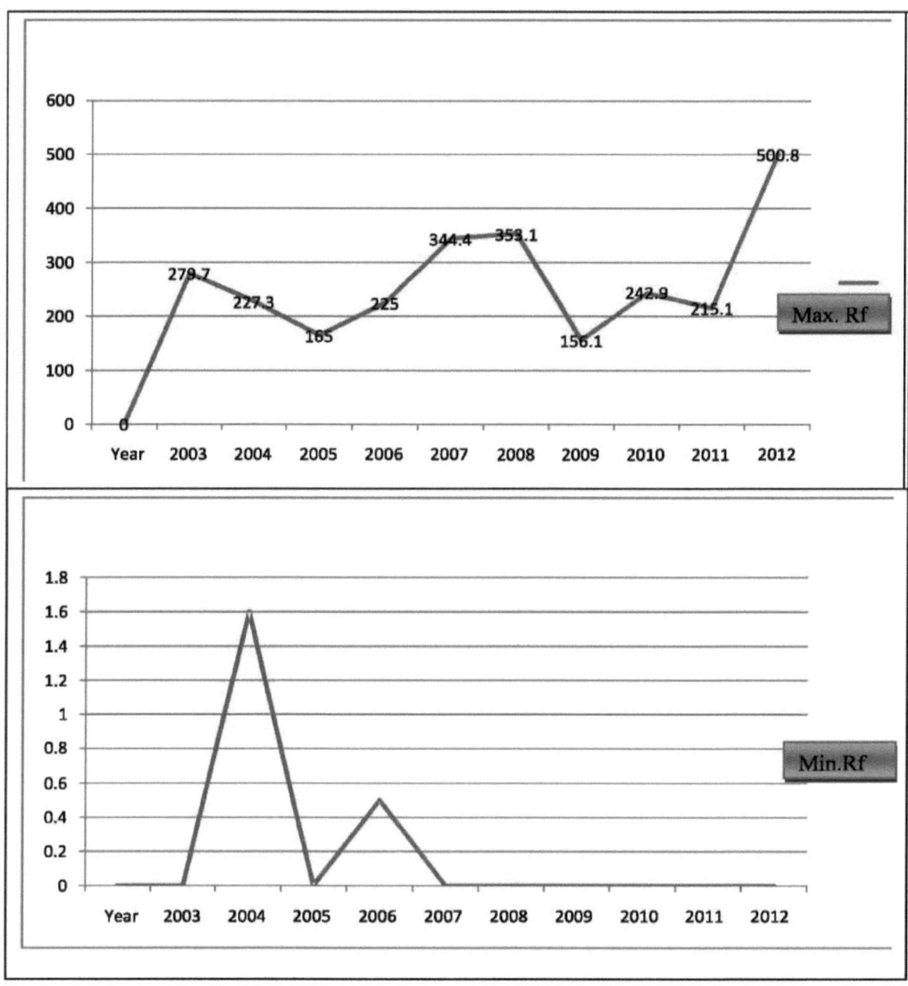

Fig.lTendência da precipitação (máxima e mínima em mm) de 10 anos (2003-2012) do estudo Área

Fonte : Elaborado pelo investigador, março de 2013

4.6.1.2 Temperatura.

De acordo com a tabela17, em dez anos consecutivos (2003-2012) a temperatura máxima registou 33°c em 2003 e a temperatura mínima registou 30,2°c em 2010. A partir deste resultado, é possível concluir que, em 10 anos consecutivos, a variação de temperatura mais elevada (3,2°c) registou-se apenas entre 2003 e 2010.

Em geral, com base no pressuposto do investigador, embora a pequena variação na temperatura resulte de alterações climáticas, não pode ser considerada como o principal fator causal para o aumento do risco de inundações na área de estudo.

Tabela 17: Tendência da temperatura de (2003-2012) em termos anuais

No	Year	Max. Tem(°c)	Mini. Tem(°c)
1	2003	33	11.1
2	2004	32	11.8
3	2005	31	11.7
4	2006	31	14.4
5	2007	31	11
6	2008	30.4	12.1
7	2009	30.9	13.3
8	2010	30.2	11.6
9	2011	31.7	12.7
10	2012	31.7	13.7

Fonte: Agência de Meteorologia (secção de Adama), março de 2013.

De acordo com a tendência de temperatura da fig.3 de dez anos consecutivos, não há grande desvio da temperatura máxima. A partir daqui, é possível concluir que, na área de estudo, não existe uma variação tão elevada entre a temperatura máxima que aumente o risco de inundações em resultado das alterações climáticas.

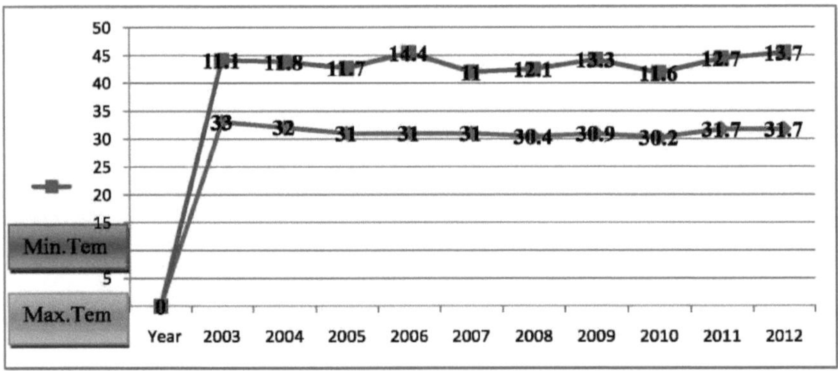

Fig.2.Tendência da temperatura de 10 anos (2003-2012) da área de estudo

Fonte: Elaborado pelo investigador, março de 2013.

4.7. Infra-estruturas de drenagem e seus desafios em resultado do risco de inundação

4.7.1. Limpeza e manutenção regulares da estrutura de drenagem

A infraestrutura de drenagem é um dos componentes essenciais para minimizar o risco de inundação e descarregar corretamente o fluxo de água. De acordo com a tabela 18, de um total de 167 inquiridos, 7,8% (13) disseram que existe uma limpeza e manutenção regulares da estrutura de drenagem, enquanto 92,2% (154)

responderam que não existe uma limpeza e manutenção regulares da estrutura de drenagem. Do exposto, é importante notar que, na área de estudo, a maioria dos inquiridos concordou que ainda não existe uma limpeza e manutenção adequadas das infra-estruturas de drenagem, pelo que o problema do risco de inundações ainda não foi resolvido. Para apoiar esta ideia, com base na observação no terreno, o investigador também aprovou que não existe uma limpeza regular e uma manutenção adequada das infra-estruturas de drenagem. Por outras palavras, em diferentes zonas, a maior parte das estruturas de drenagem estão cheias de vários resíduos sólidos e líquidos, o que resulta num fluxo excessivo de inundações na cidade. Com base na informação da administração da cidade, em 2003, a cobertura atual da infraestrutura de drenagem foi estimada em 23 km, o que é inferior a 50%. Além disso, os inquiridos do grupo de discussão do agregado familiar também sublinharam que, embora a maioria das pessoas esteja disposta a participar em todas as direcções para a limpeza e manutenção da infraestrutura de drenagem, a administração da cidade não dá atenção à participação da comunidade de forma imediata. Além disso, a administração da cidade não atribui orçamento suficiente para os Keble's seleccionados da área de estudo. Como resultado, a maioria dos inquiridos queixa-se da prestação de serviços da administração municipal.

Quadro 18, Limpeza e manutenção regulares da estrutura de drenagem

No.	Question	Response	No. of Respondents in each Keble			Frequency of respondents	Percent (%)
			Keble (02)	Keble (03)	Keble (09)		
1	Regular Clearance & maintenance of drainage structure	Yes	-	-	13	13	7.8
		No	37	56	61	154	92.2
		Total	37	56	75	167	100

Fonte: Inquérito de campo, março de 2013

Foto 4. Algumas das infra-estruturas de drenagem de água danificadas e preenchidas por resíduos sólidos em resultado do risco de inundação (da esquerda para a direita), respetivamente.

Fonte: Inquérito de campo dos investigadores, março de 2013(Fotografia)

4.7.2. Infra-estruturas de drenagem de águas residuais.

A instalação adequada de infra-estruturas de drenagem de águas residuais reduz o nível de impacto do risco de inundações na comunidade e diminui a taxa de doenças na sociedade. Com base na tabela 19 apresentada abaixo, de um total de 167 agregados familiares inquiridos, 6,6% (11) dos inquiridos responderam que sim, que existem infra-estruturas de drenagem de águas residuais, enquanto 93,4% (167) dos inquiridos disseram que não existem infra-estruturas de drenagem de águas residuais em Keble selecionado da área de estudo.

Isto implica que, a partir das duas ideias de respostas acima referidas, apenas uma pequena proporção (6,6%) dos inquiridos respondeu que existem infra-estruturas de drenagem de águas residuais. Por outro lado, a maioria dos inquiridos responde que ainda não existem infra-estruturas de drenagem de águas residuais na área de estudo. Este resultado indica que a cobertura de esgotos na área de estudo selecionada de Keble é totalmente inexistente e que a probabilidade de contaminação por inundações é muito elevada.

O investigador também aprovou o facto de não existirem infra-estruturas de drenagem de esgotos nos três Keble's seleccionados que sirvam para a eliminação de resíduos líquidos. No entanto, a cidade de Adama, capital do estado regional de Oromia, continua a ter uma cobertura de rede de esgotos muito baixa. Isto implica que, a nível da cidade, a ausência de uma estrutura de esgotos adequada indica a sua fraqueza e necessita de grande atenção para resolver o problema mais rapidamente.

Tabela. 19. Infra-estruturas adequadas de drenagem de esgotos

No	Question	Response	No. of Respondents in each Keble			Frequency of Respondents	percent (%)
			Keble(02)	Keble(03)	Keble(09)		
	Sewage Drainage Infrastructure	Yes	-	-	11	11	6.6
		No	38	80	38	156	93.4
1		Total	38	80	49	167	100

Fonte: Inquérito de campo, março de 2013.

De acordo com o Mapa 4 apresentado abaixo, na cidade de Adama, especificamente na área de estudo, a atual cobertura de esgotos da rede de drenagem de resíduos líquidos é quase insignificante, com cerca de 12861,35 m^2 (12,86 ha). Por outras palavras, com base na explicação do mapa, a área construída já existente de cobertura de esgotos é muito pequena em comparação com a cobertura de esgotos proposta no plano futuro na fase I é de cerca de 207467,20 m^2 (20,75 ha), na fase II é de cerca de 334400,49 m^2 (33,44 ha); e finalmente na fase III é de cerca de 83234,35 m^2 (8,32 ha). Em geral, a partir deste mapa, é possível concluir que a atenção dada à expansão da cobertura de drenagem de esgotos pela administração da cidade é quase insignificante.

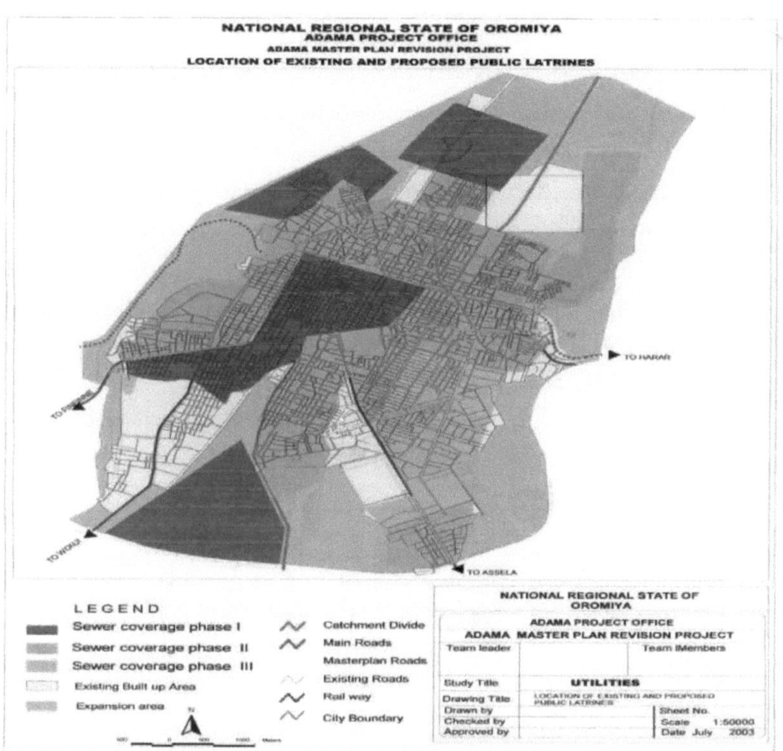

Mapa 5: mostra a cobertura das infra-estruturas de drenagem de águas residuais e de resíduos líquidos na cidade de Adama

Fonte: Administração da cidade de Adama, março de 2012

4.7.3. Local de eliminação de resíduos sólidos

A gestão adequada e a remoção dos resíduos sólidos da cidade contribuem para reduzir a taxa de risco de inundação na cidade. Por outras palavras, a acumulação inadequada de resíduos sólidos na cidade agrava especialmente o risco de inundações repentinas. Além disso, também aumenta a deposição de lodo que interrompe a infraestrutura de drenagem e diminui a taxa de fluxo de descarga de água no sistema de drenagem. De acordo com a tabela 20, no que diz respeito ao local adequado para a eliminação de resíduos sólidos na área de estudo, de um total de 167 inquiridos, 4,2% (7) responderam que sim, enquanto 95,8% (160) dos inquiridos responderam que não existe um local adequado para a eliminação de resíduos sólidos na área de estudo. Dos dois pontos de vista acima referidos, é importante notar que, na área de estudo, a maioria dos inquiridos concordou que não existe um local adequado para a eliminação de resíduos sólidos em cada Keble. Isto implica que o nível de gestão dos resíduos sólidos é insatisfatório e cria o seu próprio efeito no sistema de drenagem da água.

Para apoiar a ideia acima, com base no diretor da Administração de Keble, do total de resíduos sólidos eliminados fora da cidade, uma grande quantidade encontra-se no interior da cidade. Segundo ele, se estes resíduos sólidos forem eliminados corretamente, o impacto das inundações diminui proporcionalmente. Isto implica que a deposição incorrecta de resíduos sólidos na rede de drenagem de águas tem a sua própria contribuição para acelerar o risco de inundações. O investigador também sustenta que, em muitos locais da área de estudo, os resíduos sólidos continuam a ser depositados em espaços abertos e no interior do sistema de drenagem de águas. Assim, a eliminação correcta dos resíduos sólidos exige grande atenção por parte da administração da cidade.

Tabela.20. Local de eliminação de resíduos sólidos em três Keble's da área de estudo

No.	Questions	Response	No. of Respondents in each Keble's			Frequency	Percent (%)
			Keble(02)	Keble(03)	Keble(09)		
1	Is there Proper solid waste disposal place	Yes	-	-	7	7	4.2
		No	41	55	64	160	95.8
		Total	41	55	71	167	100

Fonte: Inquérito de campo, março de 2013.

Foto 5. Alguns dos locais de deposição incorrecta de resíduos sólidos

Fonte: Fotografia tirada pelo investigador, março de 2013.

4.7.4. Profundidade do risco de inundação na zona de estudo

A profundidade da inundação determina o nível de danos em várias infra-estruturas devido ao risco de inundação. Assim, o Keble selecionado da área de estudo, em comparação com o resto dos outros Keble, é altamente suscetível ao risco de inundação, devido à baixa altitude da superfície topográfica. De acordo com a tabela 21 abaixo, de um total de 167 inquiridos que estimaram o grau de inundação, 3,6% (6) responderam que a profundidade da inundação era inferior a 0,5 m, 46,1% (77) dos inquiridos disseram que, em média, entre 0,5 m e 1 m. Enquanto 25,7% (43) e 10,2% (17) inquiridos responderam que a profundidade da inundação era de 1 m a 2 m e superior a 2 m, respetivamente. Os restantes 14,4% (24) inquiridos recusaram-se a responder à sua ideia.

Em geral, da resposta total de 167, a maioria dos inquiridos disse que a profundidade das cheias em três Keble's seleccionados se situa, em média, entre 0,5 m e Im. O resultado indica que, na área de estudo, que se encontra a uma altitude mais baixa em comparação com outros Keble's da cidade de Adama, o aumento do nível da água cria um enorme impacto na atividade socioeconómica global.

Tabela.21. Profundidade da inundação na área de estudo

No.	Question	Response	No. of Respondents in each Keble			Frequency	Percent (%)
			Keble (02)	Keble (03)	Keble (09)		
1	Depth of flood	< 0.5m	-	-	6	6	3.6
		0.5m-1m	-	9	68	77	46.1
		1m-2m	-	43	-	43	25.7
		>2m	14	3	-	17	10.2
		Refused	24	-	-	24	14.4
		Total	38	55	74	167	100

Fonte: Inquérito de campo, março de 2013.

4.7.5. Duração total do dia em que as pessoas não podem permanecer nas suas casas.

A duração total do risco de inundação e a cobertura da inundação determinam a duração total da estadia das pessoas nas proximidades da área propensa a inundações. De acordo com a tabela 22, no que diz respeito à duração total do dia sem poder ficar em casa, 15% (25) dos inquiridos responderam que, em média, apenas 1-4 dias, 3% (5) e 7,2% (12) dos inquiridos responderam que, em média, apenas 4-8 dias e 8-15 dias, respetivamente, enquanto 4,8% (8) e 52,7% (88) dos inquiridos disseram que durante 1 mês e mais de 1 mês, respetivamente. A partir daqui, é possível concluir que a maioria dos inquiridos, com uma percentagem mais elevada, respondeu que a duração total do dia em que não puderam ficar em casa foi superior a um mês. Por outras palavras, ao ficarem mais de um mês fora de casa, foram expostos a vários impactos socioeconómicos.

Tabela 22. Duração total do dia de incapacidade de permanecer em casa devido ao risco de inundação

No.	Question	Response	No. of Respondents in each Keble			Frequency	Percent (%)
			Keble (02)	Keble (03)	Keble (09)		

1	Length of un able to stay in your home due to flood hazard	1-4days	-	-	25	25	15
		4-8 days	-	-	5	5	3
		8-15 days	-	-	12	12	7.2
		1month	-	-	8	8	4.8
		> 1month	9	55	24	88	52.7
		Not at all	29	-	-	29	17.36
		Total	38	55	74	167	100

Fonte: Inquérito de campo, março de 2013.

4.8. Grande desafio criado em resultado do risco de inundação

4.8.1. Tipo de doença em resultado do risco de inundação

O risco de inundações está intimamente ligado às doenças, pelo que várias doenças se manifestaram devido ao risco de inundações. Assim, com base na informação recolhida, a malária, as doenças transmitidas pela água, a diarreia, a febre tifoide e a gripe são algumas das doenças encontradas na área de estudo. De acordo com a tabela 23 abaixo, de um total de 167 inquiridos, 40,1% (67) responderam que a malária é uma doença muito manifesta em três Keble's, enquanto 7,8% (13), 1,8% (3), 12,6% (21) dos inquiridos responderam que as doenças transmitidas pela água, a diarreia e a febre tifoide são, respetivamente, as principais doenças. Finalmente, 37,8% (63) dos inquiridos responderam que a gripe é a principal doença na área de estudo

Dos pontos de vista acima referidos, é importante notar que, na área de estudo, em consonância com o risco de inundações, a maioria dos inquiridos concordou com a malária como o principal tipo de doença que surgiu como resultado de uma área pantanosa de inundações durante um longo período de tempo.

Quadro 23, Tipo de doença em resultado do risco de inundação.

No .	Questions	Responses	No. of Respondents in each Keble			Frequency	Percentage (%)
			Keble (02)	Keble (03)	Keble (09)		
1	Disease type	Malaria	-	-	67	67	40.1
		Water borne disease	-	6	7	13	7.8
		Diarrhea	-	3	-	3	1.8
		Typhoid	-	21	-	21	12.6
		Influenza	38	25	-	63	37.8
		Total	38	55	74	167	100

Fonte: Inquérito de campo, março de 2013

4.8.2. Número de famílias evacuadas devido ao risco de inundação.

O risco de inundações extremas resulta na evacuação de muitas pessoas do seu local de origem. De acordo com a tabela 24 abaixo, do total de 167 inquiridos sobre o número de pessoas evacuadas, 37,7% (63) deles disseram que todas as suas famílias foram evacuadas, enquanto 62,3% (104) deles disseram que as suas famílias não foram evacuadas devido ao perigo de inundação. Com base no resultado final da análise, a maioria dos inquiridos respondeu que nem todas as suas famílias foram evacuadas devido ao risco de inundações. Por outras palavras, mesmo que a maioria dos agregados familiares não tenha sido deslocada, foi parcialmente evacuada de casa. Para corroborar a ideia anterior, com base na resposta do grupo de discussão, especialmente antes de 5 anos, o nível de risco de inundação não é tão perturbador como em 2012. De acordo com os inquiridos, a principal razão para este problema é que, no período anterior, todas as descargas de água eram desviadas para cada Keble.

No entanto, a partir do ano passado (2012), devido à construção de estradas e a várias actividades de desenvolvimento, toda a descarga de água vai para 02 Keble. Assim, a inundação resultou na deslocação de pessoas desta área.

Tabela 24. Número de famílias evacuadas devido ao risco de inundação.

No.	Questions	Responses	No. of Respondents in each Keble			Frequency	Percent (%)
			Keble (02)	Keble (03)	Keble (09)		
1	All families evacuated due to flood hazard	Yes	-	-	63	63	37.7
		No	38	66		104	62.3
		Total	38	66	63	167	100

Fonte: Inquérito no terreno, março de 2013.

4.8.3. Número de mortes de pessoas devido ao risco de inundações.

Entre os perigos desastrosos que ameaçam a comunidade em geral, o perigo de inundação é um dos fenómenos mais perturbadores, especialmente no que diz respeito à perda de vidas. De acordo com a tabela 25 abaixo, o número de mortes de pessoas especificamente em 2012, 1,2% (2) dos inquiridos disseram que apenas um indivíduo morreu, enquanto 56,9% (95) inquiridos responderam que dois indivíduos morreram. Os restantes 41,9% (70) inquiridos responderam que não houve qualquer morte nos três Keble seleccionados. A partir daqui, é possível concluir que, em Keble selecionado da área de estudo, o número total de mortes devido ao perigo de inundação é de apenas três indivíduos.

Tabela, 25. Número total de mortes devido ao risco de inundações

No	Questions	Response	No. of Respondents in each Keble			Frequency	Percent (%)
			Keble (02)	Keble (03)	Keble (09)		
1	Total number of death	1	-	-	2	2	1.2
		2	-	95	-	95	56.9
		3-7	-	-	-	0	0
		Not at all	38	32	-	70	1.9
		Total	38	127	2	167	100

Fonte: Inquérito de campo, março de 2013

4.8.4. Estimativa da perda de rendimentos e dos danos materiais devido ao risco de inundação.

4.8.4.1. Perda de rendimento estimada devido ao risco de inundação.

De acordo com a tabela 26 abaixo, a perda de rendimento estimada devido ao risco de inundação, 29,9% (50) dos inquiridos responderam que menos de 1000 Etbirr, e 29,3% (49) deles disseram que 1000 até 5000, enquanto 14,4% (24), 1,8% (3), 1,2% (2) e 1,2% (2) dos inquiridos responderam que em média 5000 até 10.000, 10.000 até 20.000, e 20.000-50.000 e acima de 100.000 Etbirr, respetivamente. Os restantes 22,2% (37) dos inquiridos disseram que não houve qualquer impacto no seu rendimento devido ao risco de inundação. Isto implica que, a partir de sete pontos de vista diferentes, é possível concluir que a maioria dos inquiridos, com uma percentagem mais elevada (29,9% e 29,3%), respondeu que a perda de rendimento total estimada devido ao risco de inundações se situa, em média, entre 1000-5000 birr Etbirr.

Tabela 26: Estimativa da perda de rendimento devido ao risco de inundação em cada região de Keble

No.	Questions	Responses	No. of Respondents in each Keble			Frequency	Percentage (%)
			Keble 02	Keble 03	Keble 09		

1	Estimated Income loss in terms of (Birr)	< 1000	-	-	50	50	29.9
		1000-5000	-	25	24	49	29.3
		5000-10000	-	24	-	24	14.4
		10,000-20,000	-	3	-	3	1.8
		20,000-50,000	-	2	-	2	1.2
		>100,000	-	2	-	2	1.2
		No impact at all	37	-	-	37	22.2
		Total	37	56	74	167	100

Fonte: Inquérito de campo, março de 2013

4.8.4 .Z. Bens danificados devido ao risco de inundação.

O impacto das inundações em vários níveis de propriedade, saúde, infra-estruturas e habitação. No que respeita aos danos patrimoniais causados pelas inundações, do total de inquiridos, 1,2% (2) responderam que não tiveram qualquer efeito, enquanto 6,6% (11) dos inquiridos responderam que foram moderados. Por fim, 92,2% (154) dos inquiridos responderam que os danos causados pelas inundações são graves. Este resultado implica que, a partir de três pontos de vista diferentes, a maioria dos inquiridos concordou com a gravidade dos danos causados pelas inundações nos bens (ver quadro 27).

Quanto aos danos causados pelo risco de inundação na saúde, do total de inquiridos, 39,5% (66) responderam que não têm qualquer efeito, enquanto 38,3% (64) dos inquiridos responderam que são moderados. Por fim, 22,2% (37) dos inquiridos responderam que os danos causados pelas cheias na propriedade eram graves. Em geral, de acordo com 167 agregados familiares inquiridos, a maior percentagem (39,5%) respondeu que o nível de danos na saúde não tem qualquer efeito nos três Keble's seleccionados da área de estudo (Ver tabela 27).
No que diz respeito aos danos causados pelas inundações nas infra-estruturas, 30,5% (51) dos inquiridos responderam que não tiveram qualquer efeito, enquanto 35,9% (60) dos inquiridos responderam que foram moderados. Finalmente, 33,5% (56) dos inquiridos responderam que os danos causados pelas cheias nas infra-estruturas eram graves. Isto implica que, do total de inquiridos, uma percentagem maior (35,9%) concordou que o nível de danos nas infra-estruturas era moderado nos três Keble's seleccionados (ver tabela 27).
Finalmente, no que se refere aos danos causados pelas inundações nas habitações, de um total de 167 inquiridos, 1,8% (3) responderam que não tinham qualquer efeito, enquanto 3% (5) responderam que eram moderados. Por último, 95,2% (159) responderam que os danos causados pelas inundações na habitação são graves. Em geral, de acordo com a maioria dos inquiridos, o nível de danos na habitação é grave nos três Keble seleccionados da área de estudo (ver tabela 27)

Tabela .27. Bens danificados devido ao risco de inundação

No.	Question	Response	No. of Respondents in each Keble			Frequency	Percent (%)
			Keble (02)	Keble (03)	Keble (09)		
1	Flood damage on property	No effect	-	-	2	2	1.2
		Moderate	-	-	11	11	6.6
		Sever	39	54	61	154	92.2
		Total	39	54	74	167	100
2	Flood damage on Health	No effect	-	-	66	66	39.5
		Moderate	2	54	8	64	38.3
		Sever	37	-	-	37	22.2
		Total	39	54	74	167	100
3	Flood damage on Infrastructure	No effect	-	-	51	51	30.5
		Moderate	-	37	23	60	35.9
		Sever	39	17	-	56	33.5
		Total	39	54	74	167	100
4	Flood damage on Housing	No effect	-	-	3	3	1.8
		Moderate	-	-	5	5	3
		Sever	39	54	66	159	95.2
		Total	39	54	74	167	100

Fonte: Inquérito de campo, março de 2013

Foto.6: Danos causados pelas inundações nas infra-estruturas
Fonte: Cruz Vermelha Etíope Distrito de Adama Foto tirada em julho de 2U12

Foto7. Danos causados por inundações em habitações

Fonte: Cruz Vermelha da Etiópia Distrito de Adama Foto tirada em julho de 2013

4.8.5 Nível de danos causados pelo risco de inundação na cidade de ano para ano

Nesta secção, no que diz respeito ao nível de danos provocados pelas inundações no estudo de forma anual, 99,4% (166) das pessoas responderam que aumentam, enquanto 0,6% (1) delas não responderam. Finalmente, nenhum deles respondeu que o nível de danos causados pelas inundações diminuiu. Em geral, do total de inquiridos, a maior percentagem (99,4%) respondeu que o nível de danos aumenta de ano para ano. Consequentemente, há um grande número de pessoas afectadas pelo problema das inundações, especialmente nas zonas baixas (ver quadro 28).

Tabela 28. Nível de danos causados por inundações na cidade de ano para ano

No.	Question	Responses	No. of Respondents in each Keble			Frequency	Percent (%)
			Keble(02)	Keble(03)	Keble(09)		
1	Level of flood happening from year to year	Increasing	38	54	74	166	99.4
		Decreasing	-	-		0	0
		Refused	1	-		1	0.6
		Total	39	54	74	167	100

Fonte: Inquérito de campo de março de 2013

4.8.6. Modo de emissão do sistema de alerta precoce de inundações

O sistema de aviso prévio de inundações para a sociedade é muito importante para minimizar o risco provável de inundações numa grande comunidade. De acordo com a tabela 29, no que diz respeito ao modo de fornecimento do sistema de alerta de inundações, os inquiridos dão a sua opinião da seguinte forma: de um total de 167 inquiridos, 94% (157) dos inquiridos disseram que através de um vizinho e 2,4% (4) responderam através de um anúncio na rádio.

Mais uma vez, 2,4% (4) dos inquiridos responderam que o sistema de alerta de cheias é feito através de um altifalante na rua e os restantes 1,2% (2) afirmaram que o sistema de alerta de cheias é totalmente inexistente. A partir deste resultado, é possível concluir que, do total de inquiridos, a maior percentagem (94%) respondeu que, durante o período de exposição às inundações, o sistema de alerta de inundações é bem executado através dos vizinhos. Por outras palavras, a nível da cidade, o sistema de alerta de inundações não é mecanizado e integrado. Por conseguinte, é necessária uma grande atenção por parte da administração da cidade para divulgar informações actualizadas à comunidade.

Quadro 29. Modo de fornecimento do sistema de alerta de inundações

No	Question	Response	No. of Respondents in each Keble			Frequency	Percent (%)
			Keble (02)	Keble (03)	Keble (09)		
1	Mode of giving flood warning system	By neighbor	29	54	74	157	94
		Radio announcement	4	-	-	4	2.4
		Loud hailer in the street	4	-	-	4	2.4
		Not exist at all	2	-	-	2	1.2
		Total	39	54	74	167	100

Fonte: Inquérito de campo, março de 2013

4.8.7. Perceção do risco de inundação que ocorrerá nos próximos 5 anos

A partir da experiência passada, é possível compreender a provável ocorrência de risco de inundação no cenário futuro. Com base na tendência da queda de chuva de 10 anos consecutivos, explicada na página 44, a intensidade da queda de chuva foi muito próxima do intervalo de 5 anos. Tendo em conta este facto, o investigador fornece questionários aos inquiridos. De acordo com a tabela 30 abaixo, 73,7% (123) responderam que a perceção da exposição ao risco de inundação nos próximos 5 anos é muito provável. Por outro lado, 6% (10) e 1,2% (2) dos inquiridos responderam que é provável que ocorra nos próximos 5 anos, respetivamente. Por último, 19,2% (32) responderam que recusaram a resposta. Com base no pressuposto dos inquiridos, o resultado final indica que, nos próximos 5 anos, haverá uma grande probabilidade de exposição a inundações na cidade, a menos que sejam implementadas medidas de mitigação adequadas (ver tabela 30). Para apoiar a ideia acima, de acordo com a explicação do chefe da administração de 02 Keble, a nível atual, a administração da cidade concebeu um plano de curto e longo prazo para reduzir o impacto provável e a ocorrência de perigo de inundação. Assim, se este plano não for devidamente implementado, especialmente a área de estudo será altamente afetada pelo risco de inundações nos próximos 5 anos.

Quadro 30: Perceção do risco de inundação que ocorrerá nos próximos 5 anos

No	Questions	Responses	No. of Respondents in each Keble			Frequency	Percent (%)
			Keble (020	Keble (03)	Keble (09)		
1	Perception of flood risk will happen in next 5 year	Very likely	-	49	74	123	73.7
		Likely	5	5	-	10	6
		Unlikely	2	-	-	2	1.2
		Refused	32	-	-	32	19.2
		Total	39	54	74	167	100

Fonte: Inquérito de campo, março de 2012

4.9. Programa de sensibilização

4.9.1. Nível de sensibilização proporcionado pela administração da cidade.

O programa de sensibilização que a administração da cidade oferece é muito essencial para reduzir o impacto provável do risco de inundação na sociedade. De acordo com a tabela 31 abaixo, no que diz respeito ao nível do programa de sensibilização, 13,2% (22) deles disseram que o nível do programa de sensibilização é bom. Enquanto 6% (10) e 4,8% (8) disseram que o nível do programa de sensibilização é muito bom e médio, respetivamente. Os restantes 76% (127) inquiridos responderam que o nível do programa de sensibilização fornecido pela administração da cidade é muito fraco. Este resultado final da análise indica que a maioria dos inquiridos, com uma percentagem mais elevada (76%), concordou que o nível do programa de sensibilização fornecido pela administração da cidade é muito fraco. Por outras palavras, a administração da cidade não dá muita ênfase ao programa de criação de capacidades de sensibilização para a comunidade de todas as formas.

Tabela 31. Nível de criação do programa de sensibilização fornecido pela administração da cidade

No	Question	Response	No of Respondents in each Keble			Frequency	Percent (%)
			Keble(02)	Keble(03)	Keble(09)		
1	Level of create awareness program	Good	-	-	22	22	13.2
		Very good	-	-	10	10	6
		Medium	-	-	8	8	4.8
		Very poor	39	54	34	127	76
		Total	39	54	74	167	100

Fonte: Inquérito de campo, março de 2013.

4.9.2. Nível de participação das partes interessadas no programa de gestão das inundações

Especialmente o risco de inundação necessita de vários intervenientes multidisciplinares para gerir e prestar assistência à comunidade afetada pelo risco de inundação. De acordo com o quadro 32, no que respeita ao nível de participação das partes interessadas, 5,4% (9) responderam que é muito elevado, enquanto 28,1% (47) e 26,9% (45) responderam que o nível de participação das partes interessadas é moderado e reduzido. Por último, 39,5% (66) disseram que o nível de participação das partes interessadas era muito fraco. Em geral, de um total de 167 agregados familiares inquiridos, a maior percentagem (39,5%) respondeu que o nível de participação das partes interessadas era muito fraco. Por outras palavras, embora a gestão do risco de inundação necessite de coordenação, na área de estudo, com base nas informações dos agregados familiares, existe uma fraca ligação entre os vários intervenientes. Noutra ala, a administração da cidade não está ativa na organização e participação de diferentes partes interessadas.

Tabela 32. Nível de participação das partes interessadas no programa de gestão das inundações

N	Question	Response	No. of Respondents in each Keble			Frequency	Percent
			Keble (02)	Keble (03)	Keble (09)		
1	Level of participation of stakeholder	Very High	-	-	9	9	5.4
		Moderate	-	-	47	47	28.1
		Less	-	27	18	45	26.9
		Very Poor	39	27	-	66	39.5
		Total	39	54	74	167	100

Fonte: Inquérito de campo, março de 2013

4.9.3 Nível de apoio da administração municipal às pessoas afectadas pelo risco de inundações.

O nível de apoio prestado à comunidade em geral é determinado pelo tomador de serviços da própria sociedade. Relativamente ao nível de apoio da administração municipal às pessoas afectadas pelo risco de inundações, 1,2% (2) responderam que é muito bom, enquanto 9,6% (16), 33,5% (56) e 55,1% (92) responderam que é bom, médio e muito mau, respetivamente. A partir deste resultado, é possível concluir que a maioria dos inquiridos respondeu que o nível de apoio da administração municipal é muito fraco (ver quadro 33).

Para corroborar a ideia anterior, com base na resposta do grupo de discussão, a maioria dos inquiridos não ficou satisfeita com as várias ajudas de organizações governamentais e não governamentais após a exposição às cheias. Para além disso, no que diz respeito aos danos materiais e domésticos, até à data, nada foi segurado por várias agências de ajuda. De um modo geral, com base na perceção dos inquiridos, o nível de apoio da administração da cidade de Adama é muito baixo.

Tabela.33. Nível de apoio da administração municipal às pessoas afectadas pelo risco de inundações

No	Questions	Responses	No. of Respondents in each Keble			Frequency	Percent (%)
			Keble (02)	Keble (03)	Keble (09)		
1	Level of support from city Administration	Very good	-	-	2	2	1.2
		Good	-	-	16	16	9.6
		Medium	-	-	56	56	33.5
		Very poor	92	-	-	92	55.1
		Refused	1	-	-	1	0.6
		Total	93	-	74	167	100

Fonte: Inquérito de campo, março de 2013

Foto 8. Alguns dos apoios da Cruz Vermelha Etíope (Parte interessada)

Fonte: Cruz Vermelha Etíope Distrito de Adama Foto tirada em julho de 2013

4.10. Resultado das entrevistas efectuadas a várias organizações governamentais e não governamentais da cidade de Adama

4.10.1. Entrevista Discussão com o diretor e o perito do município de Adama

A cidade de Adama é uma das cidades atingidas pelo risco de inundações com impacto em várias actividades ambientais, sociais e económicas. De acordo com a resposta do responsável, a ausência de uma infraestrutura de rede de drenagem adequada é considerada o principal fator de aumento da taxa de risco de inundações na cidade.

Por outro lado, a urbanização e a desflorestação nas bacias superiores são outros factores que contribuem para acelerar o risco de inundação na área de estudo. No período anterior, fora da cidade, havia grandes fazendas que ajudavam a reduzir o escoamento através da percolação, no entanto, hoje em dia, essas áreas já foram convertidas em áreas residenciais. Como resultado, o uso original da terra mudou totalmente e a taxa de direção do fluxo aumentou extremamente para a área de estudo.

Por conseguinte, para resolver este problema, a administração da cidade tomou várias medidas técnicas e físicas que podem ser implementadas num plano a curto e longo prazo para reduzir o efeito provável do risco de inundação a nível da cidade e de Keble. Os planos a curto e a longo prazo incluem

1- Eliminação da deposição de sedimentos da estrutura de drenagem e do rio.

J Através da participação da comunidade na bacia hidrográfica superior da encosta no tratamento da atividade de conservação do solo e da água.

4- Encerramento da zona de captação superior

4- Estrutura de gabiões em locais muito profundos

J Conceção de uma infraestrutura de rede de drenagem adequada, especialmente em torno de estradas de calçada

4- Plantação de várias árvores na cidade

4- Desvio do rio de drenagem em cada Keble para reduzir a taxa de descarga do caudal para um sistema de fluxo lateral (para reduzir a acumulação global de água num lado).

J Manutenção e criação de novas estruturas de drenagem na cidade.

4- **Penetrar** no terreno da encosta (caminho de água) para descarregar a água acumulada através do corte transversal da montanha.

Deslocação de pessoas em zonas de alto risco de inundação para locais mais seguros

De acordo com a fotografia n.º 9 tirada pelo investigador em março de 2013, a administração da cidade de Adama, no futuro plano a longo prazo, pretende descarregar a água proveniente da captação superior através do corte transversal da encosta através de 02 Keble, para reduzir a taxa de risco de inundação.

Foto 9. Plano futuro de drenagem para reduzir o risco de inundações.
Fonte :Fotografia tirada pelo investigador, março de 2013

A nível de peritos, foi feita uma discussão com três peritos, nomeadamente: ambientalista, cartógrafo e especialista em saneamento, sobre o impacto global das cheias no ambiente, na economia e na atividade social. Com base nas respostas dos peritos, o risco de inundação cria, a nível ambiental, uma deposição de sedimentos devido à elevada desflorestação na bacia superior, a nível económico, um impacto nas infra-estruturas rodoviárias e nos cabos eléctricos, danifica casas e interrompe várias actividades comerciais. Acrescentaram ainda que, para o aumento do risco de inundação, especialmente na área de estudo, existem vários factores como causa da rota. Assim, a expansão urbana que deslocou a existência de terrenos agrícolas, a ausência de uma manutenção regular forte e a falta de uma rede de drenagem na cidade são considerados alguns dos factores. Ao nível da cidade, a manutenção da rede de drenagem é efectuada uma vez por ano. A rede de drenagem existente também não tem capacidade para suportar a descarga de água da cidade. Com base na informação de um perito da Câmara Municipal de Adama, a cobertura atual da rede de drenagem é de cerca de 25 km e tem um nível baixo (<50%). O outro fator é que os vários usos do solo e o tipo de estrada, de acordo com a capacidade de infiltração, contribuem para acelerar a velocidade do fluxo de água, o que acaba por criar o risco de inundação.

Quadro 34: Cobertura das infra-estruturas rodoviárias na cidade de Adama

No	Road type	Total Length in (km)	Total Area in (m2)	Percent (%)
1	Coble stone	101	707	20.59
2	Asphalt	47.27	303.89	8.85
3	Gravel	19.29	135.03	3.93
4	Large block	8.8	61.6	1.79
5	Reddish	35.04	245.28	7.14
6	Earthen	282.9	1980.3	57.68
	Total Area	494.3	3433.1	100

Fonte: Administração do Município de Adama, março de 2013.

De acordo com a tabela 34, a natureza do material/tipo de solo tem o seu próprio efeito na porosidade/aprisionamento da chuva, reduzindo o fluxo de água. Assim, da cobertura total do tipo de estrada na cidade, a maior parte da percentagem é ocupada pelo tipo de solo de terra. De acordo com um dos inquiridos, o solo avermelhado e a pedra de calçada absorvem uma grande capacidade de água. Por outras palavras, na sua opinião, a estrada de calçada pouco contribui para o agravamento do risco de inundação. Mas, na opinião do investigador, embora a pedra de calçada tenha menos efeito no agravamento do risco de inundação, devido à ausência de infra-estruturas de drenagem adequadas e à elevada compactação, acaba por diminuir a capacidade de infiltração e acelerar o fluxo de água na superfície inferior. A outra pequena percentagem, como a estrada de asfalto, tem uma contribuição elevada, uma vez que a maior parte da água não penetra no material compacto sólido. Finalmente, o restante tipo de estrada, como o cascalho, o bloco grande e o avermelhado, tem um nível diferente de capacidade de infiltração que é considerado uma fonte de risco de inundação.

Quadro 3 5. Área construída da cidade de Adama

No	Type of Land	Total Area(hec.)	Percent(%)
1	Residential House Land	3096	23.2
2	Investment Land	328.32	2.45
3	Governmental Institution Land	3.97	0.03
4	Social Service sector Land	274	2.05
5	Agricultural Land	2557.3	19.13
6	IMX Land	5.14	0.03
7	Religious Institution Land	69.7	0.52
8	Various Developmental activity Land	1400	10.47
9	Free Land	1549.5	11.59
10	Others	4082.1	30.54
	Total	13366.03	100

Fonte : Administração da cidade de Adama, março de 2013

O tipo de utilização do solo também tem o seu próprio efeito na capacidade de infiltração no fluxo de descarga de água. Com base na tabela 33, a maioria dos tipos de utilização do solo é constituída por residências, investimentos, instituições governamentais, sector de serviços sociais, IMX, instituições religiosas, várias actividades de desenvolvimento e outros tipos de terrenos. Este resultado mostra que, da percentagem total, a maioria da área construída é coberta por casas e várias actividades de desenvolvimento que são altamente compactadas por betão, reduzindo finalmente o nível de capacidade de infiltração.

De acordo com o Mapa 4, especialmente na área de estudo, a ocupação ilegal é muito acentuada. Em consonância com este facto, a área construída existente também apresenta um elevado nível de dimensão em termos de expansão. Pelo contrário, as instalações básicas, como a rede de drenagem de águas residuais, são muito reduzidas. Por conseguinte, para gerir este problema, a administração da cidade deve assumir a responsabilidade de reforçar as infra-estruturas de drenagem e proteger a sociedade do impacto provável do risco de inundação, encontrando várias opções, se possível, como a relocalização.

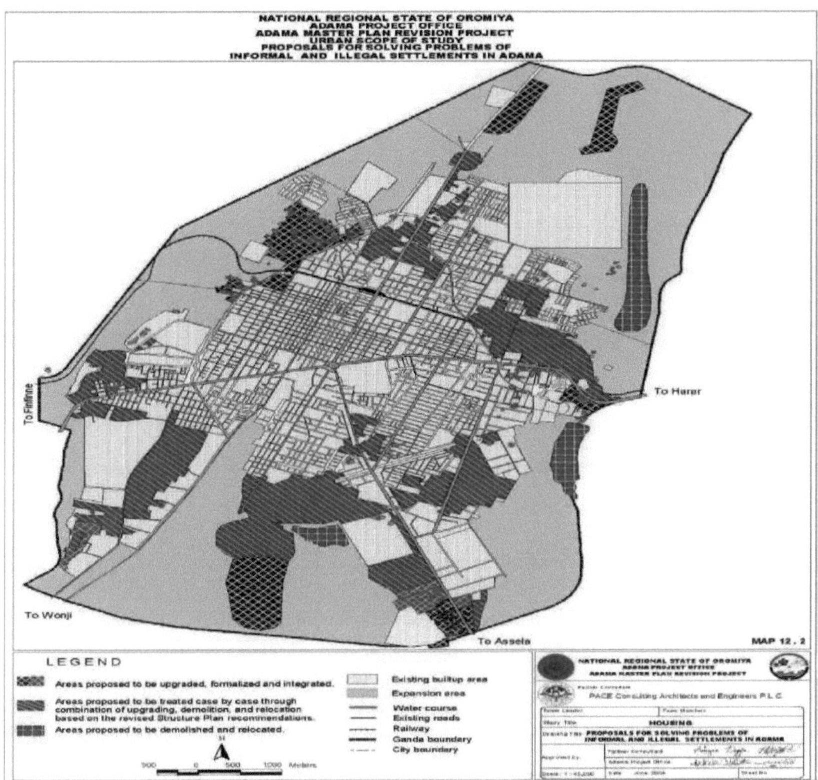

Mapa 6: Área construída existente e colonização ilegal na cidade de Adama

Fonte : Instituto de Planeamento Urbano de Oromia, abril de 2013

4.10.2. Entrevista e discussão com o diretor de 02, 03 e 09 Keble Administration .

Do total de 14 Keble's, o investigador concentrou-se apenas em três Keble's seleccionadas para o estudo que estão altamente expostas ao risco de inundações. Com base neste facto, o investigador realizou discussões com o Chefe de Keble sobre a questão do impacto global das cheias, o nível de coordenação com outras partes interessadas e o principal desafio na gestão do risco de cheias nos seus Keble's. Assim, no que se refere ao impacto global das cheias em termos de morte, danos na habitação e evacuação, explicou-se o seguinte:-

De acordo com a tabela 36, nos três Keble's seleccionados da área de estudo, o número total de mortos é apenas três, enquanto o número total de pessoas evacuadas é 779 e, finalmente, o total de casas danificadas é 390. A partir deste resultado, é possível concluir que o risco de inundações cria um grande problema de deslocação de pessoas e de danificação de casas. Por outro lado, o risco de morte de pessoas é pouco significativo. Tabela 36. Número total de mortos, evacuados e danos em habitações devido ao risco de inundações

No	Keble	Total people Died	Total number evacuated	Total house damage
1	Kebel02	0	375	250
2	Kebel03	2	64	79
3	Kebel09	1	340	61
	Total	3	779	390

Fonte: (02), (03) e (09) Keble Administration, março de 2013.

4.10.2.1 Nível de coordenação com outras partes interessadas A nível de Keble

De acordo com três chefes de administração de três Keble's, no que respeita à coordenação com diferentes partes interessadas, apenas existe uma forte cooperação com organizações governamentais, como a administração da cidade de Adama, e uma menor intimidade com organizações não governamentais (ONG), como a Cruz Vermelha Etíope.

4.10.2.2 Capacidade de prestar serviços de emergência à sociedade.

No que se refere à prestação de serviços de emergência à sociedade atingida pelo risco de inundações, os inquiridos de três Keble's responderam que, devido a problemas financeiros e de recursos humanos, os serviços de emergência prestados por estas Keble's também não estão bem organizados. Por outras palavras, três Keble's seleccionadas não estão bem equipadas em termos de logística para gerir o risco de inundações. No entanto, o principal dever da administração de Keble é organizar a comunidade para participar nas várias actividades do serviço de emergência em caso de inundações.

4.10.2.3 Grande desafio para gerir o risco de inundações Nível de Keble

De todos os Keble's da cidade de Adama, a área de estudo é a mais afetada pelo risco de inundações, que tem impacto em toda a atividade socioeconómica da sociedade em geral. Em termos económicos, o risco de inundações de 2012 danifica muitas casas de pessoas pobres. Na cidade, as cheias provêm do terreno superior da colina, nomeadamente das bacias hidrográficas de Kechema e Mukiye, que correm na zona baixa de Keble, na área de estudo. De um modo geral, neste Keble não existem infra-estruturas de drenagem adequadas, devido à ausência de um plano diretor, à existência de colonos ilegais e à ausência de uma estrutura de escoamento. Especialmente em 02 Keble, toda a rota de drenagem de água da cidade passa por este Keble. Por conseguinte, esta zona é frequentemente afetada por inundações.

O outro grande problema é a ausência de um orçamento adequado, de logística e de recursos humanos para fazer um bom trabalho, especialmente na estrutura de drenagem. Assim, a ausência de uma forte cooperação entre a administração da cidade e a administração de Keble, especialmente no que respeita ao financiamento do orçamento necessário, constitui um grande inconveniente para facilitar as infra-estruturas de drenagem.

Por último, a acumulação de resíduos sólidos no interior e no exterior da drenagem também cria um excesso de fluxo e acelera a direção do fluxo de água para a altitude mais baixa. Para reduzir o nível de impacto das inundações na área de estudo, três Keble preparam um plano de actividades a curto prazo para começar mais cedo. Assim, alguns dos planos incluem

4- A comunidade participante planeia realizar uma atividade de conservação do solo e da água na bacia hidrográfica de Camoo e Dambal, que será realizada em dois anos.

4- Na cidade em redor de tekure Abaye planeia a estrutura de drenagem

J Planeia fazer um bueiro para a drenagem

4- Planeamento do desvio do rio de drenagem em cada Keble para reduzir a taxa de descarga do fluxo (para reduzir a acumulação global de água num dos lados).

A- Eliminação da deposição de sedimentos da drenagem interior e exterior.

4.10.3. Entrevista de discussão com a Cruz Vermelha Etíope, secção de Adama.

As Associações da Cruz Vermelha da Etiópia são uma das organizações não governamentais que ajudam as pessoas de forma diversificada. Especialmente na área de estudo, esta organização é a primeira a atuar como organismo responsável pelo apoio à comunidade atingida pelo risco de inundações. Relativamente ao impacto global do risco de inundações, foi efectuada uma entrevista com o chefe da Associação da Cruz Vermelha Etíope, filial de Adama.

No que diz respeito ao impacto global do risco de inundação, os inquiridos responderam que, especialmente no ano passado, o risco de inundação de 2012 criou vários problemas na área de estudo, tais como o impacto psicológico, os danos nas casas, a evacuação de pessoas das suas casas e a exposição do gado à morte. Os inquiridos também acrescentaram que, a menos que a administração da cidade coordene com as várias partes interessadas para encontrar a solução chave para o problema, de ano para ano o problema está a aumentar tremendamente e a comunidade está sempre num estado de falta de estabilidade que leva a deslocar as pessoas do seu emprego permanente e cria desordem económica na sociedade.

No que diz respeito à ajuda, a Cruz Vermelha Etíope presta vários serviços às pessoas afectadas pelo risco de inundações, tais como ocupantes, alimentos, óleo, tecidos, abrigo e vários materiais de cozinha durante a exposição às inundações. Mas, na opinião dos inquiridos, este apoio não é satisfatório devido a várias razões:
- Em primeiro lugar, a ausência de uma identificação adequada das pessoas no momento da exposição ao risco de inundação, incluindo crianças, idosos, mulheres e deficientes. Como resultado, o impacto na prestação de serviços é rápido para a comunidade mais afetada pelo risco de inundação. Em segundo lugar, a ausência de orçamento, de instalações logísticas e de mão de obra é considerada o principal problema para a prestação de um bom serviço num determinado prazo.

4.10.4. Gabinete de Prevenção e Preparação para Catástrofes da Zona Oriental de Shewa

O Gabinete de Prevenção e Preparação para Catástrofes da Zona Oriental de Shewa, a nível zonal, é responsável por problemas como as inundações, e pode dar uma resposta rápida à sociedade em geral na área de estudo. Pelo contrário, quando comparado com a Cruz Vermelha Etíope, este gabinete tem pouca capacidade para prestar serviços à sociedade de forma imediata.

Este serviço mantém uma forte cooperação e uma rede direta com o Serviço Federal de Prevenção e Preparação para Catástrofes e uma cooperação menos ativa com outras partes interessadas. No que se refere ao nível de apoio, o serviço começa por identificar e organizar as pessoas afectadas pelas inundações e, em seguida, comunica com o organismo federal. Este processo demora muitos dias, mesmo que as pessoas necessitem de apoio imediato. De um modo geral, este serviço quase não dispõe da sua própria acumulação de existências de ajuda alimentar e de poder de ação imediata.

No que diz respeito à frequência das cheias na cidade, os inquiridos responderam que a frequência das cheias aparece anualmente. Enquanto que, os danos de desastres de alto risco são criados numa média de 4 anos. A partir deste resultado, é possível concluir que na área de estudo os danos altamente repetitivos ocorrem quase a cada 5 anos.

De acordo com os inquiridos, para melhorar o risco de inundações, há muitos factores a ter em consideração que podem ser geridos pela administração da cidade de Adama. Deste problema, o primeiro é a ausência de drenagem adequada em linha com a estrada de calçada. Em especial, as estradas de calçada construídas recentemente não dispõem de uma rede de drenagem adequada, o que faz com que o fluxo de água não siga a direção correcta, criando um excesso de fluxo e um impacto na sociedade. O outro grande problema é a deposição de sedimentos na estrutura de drenagem lateral, que aumenta especialmente durante a exposição às cheias, retardando a velocidade do fluxo de direção e criando um excesso de fluxo e um impacto nos danos materiais, pelo que é necessária uma grande atenção da administração municipal para a manutenção e a eliminação da deposição de sedimentos.

O outro problema é a ausência de reforço da captação superior através de uma atividade de conservação do solo e da água na bacia hidrográfica. Esta tarefa é muito útil para diminuir a descarga de água das encostas e para reduzir o nível de risco de inundação no interior da cidade. Assim, o gabinete incluiu no seu plano de ação, a curto prazo, a participação na atividade da bacia hidrográfica.

Por último, o serviço não dispõe de apoio orçamental e logístico suficiente para ajudar a sociedade a alargar o espetro em quantidade e qualidade.

O Gabinete de Prevenção e Preparação para Catástrofes da Zona Oriental de Shewa, para as pessoas afectadas por inundações, fornece flores, óleo e abrigo temporário de acordo com o número total de famílias. No entanto, esta ajuda não é suficiente e não é reclamada pela maioria das pessoas afectadas pelas inundações. No futuro, o gabinete planeia separar-se da agência federal, com o objetivo de estabelecer vários centros de acumulação de alimentos e outros centros de prestação de serviços a nível zonal, em coordenação com o Governo Regional de Oromia.

4.10.5. Serviço de abastecimento de água e saneamento da cidade de Adama.

De acordo com a resposta do diretor do serviço de abastecimento de água e saneamento da cidade de Adama,

não há qualquer impacto/dano nas condutas de água potável devido ao risco de inundações. O efeito só se observa fora da cidade, perto de Awash, que pode romper a principal saída de água da cidade. Na área de estudo (02, 03 e 09 Keble) existem três tipos de água subterrânea embalada. Com base nos resultados das análises laboratoriais efectuadas em ambas as áreas, a água não está poluída devido ao risco de inundações.
No que respeita à rede de drenagem de esgotos, a cidade de Adama, capital do Estado Regional de Oromia, ainda não dispõe de uma estrutura de esgotos adequada. Assim, a atividade de esgotos de resíduos líquidos está em causa a nível da cidade e resulta em contaminação com risco de inundações.
O outro grande problema é a delegação de poderes na participação na atividade de drenagem de águas residuais. Assim, o nome de Adama City Water Provision and Sanitation Service, no entanto, esta organização não executou corretamente a tarefa e culpa a Câmara Municipal de Adama pelo facto de os esgotos serem parcialmente executados pela Câmara Municipal de Adama, que apenas se preocupa com a conceção e o plano, enquanto o executor é a Câmara Municipal de Adama. Como resultado, esta tarefa está muito atrasada em relação ao prazo estabelecido.
Em geral, esta organização tem muitos problemas para executar o programa corretamente, incluindo problemas de compra, problemas de capacidade, problemas de recursos humanos, problemas de coordenação, ausência de sensibilização adequada para a comunidade.

4.10.6. Administração do Gabinete de Saúde da Cidade de Adama.

As zonas de risco de inundações, onde se registam vários surtos de doenças, expõem muitas pessoas a problemas de saúde. Por isso, a presença de uma instituição de saúde é muito importante para dar uma resposta rápida e de proximidade. De acordo com os inquiridos da administração dos serviços de saúde da cidade de Adama, devido ao risco de inundações, não se registaram grandes problemas de saúde, mas surgiram na zona doenças como a diarreia e a malária. Por conseguinte, para resolver o problema de saúde, a comunidade recebe tratamento adequado. Para além disso, o serviço também presta serviços básicos, como alimentação, abrigo temporário e vestuário.
Por último, os inquiridos comentam que o vosso serviço tem capacidade para se reforçar em termos de recursos humanos, orçamentais e de logística médica para ajudar a sociedade de forma adequada.

CAPÍTULO 5

Conclusão e recomendação

5.1. Introdução

Este capítulo é a última parte do trabalho de investigação e inclui principalmente a conclusão e a recomendação. Por outras palavras, resume o resultado final da análise e conclui o estudo global da atividade de investigação. Além disso, a recomendação sugerida que apoia a redução do efeito provável do impacto do risco de inundação na sociedade em geral é discutida em pormenor.

5.2. Conclusão.

Em conclusão, os resultados obtidos com o estudo de investigação são expressos pelas seguintes observações finais

5.3. Tendência e padrão das inundações na cidade.

A tendência e o padrão das inundações na cidade, que incluem a frequência, a magnitude e a gravidade das inundações, são um dos elementos que determinam o risco de avaliação do impacto das inundações. Na cidade de Adama, especificamente em três Keble, que se encontra a uma altitude mais baixa, a maior parte do tempo é afetada pelo risco de inundações. Na área de estudo, o risco de inundações está a aumentar a um ritmo alarmante, tanto em termos de frequência como de gravidade. Com base no resultado final da análise dos inquiridos na área de estudo, a frequência das inundações ocorre anualmente e é considerada um problema natural recorrente após a estação das chuvas. A magnitude do risco de inundações também aumenta anualmente com base nos resultados da análise. Assim, este problema exige que as partes interessadas multidisciplinares o minimizem. Finalmente, no que diz respeito à gravidade do risco de inundações na cidade, de acordo com a maioria dos inquiridos, a maior percentagem concordou que a gravidade do risco de inundações, particularmente em três Keble's seleccionados da área de estudo, era muito elevada. Por conseguinte, para reduzir o impacto provável do risco de inundação, deve ser dada muita atenção por parte das organizações governamentais e não governamentais.

1.1. Impacto global das inundações no ambiente, na economia e na atividade social da sociedade

Na área de estudo, o risco de inundação tem o seu próprio efeito no ambiente, na economia e na atividade social da sociedade. Especialmente nas zonas urbanas onde as infra-estruturas de drenagem não estão corretamente estabelecidas, o impacto do risco de inundação é muito elevado. Com base no resultado final da análise, alguns dos impactos ambientais do risco de inundação incluem a erosão do solo, a degradação da terra, a deposição de sedimentos, a acumulação de resíduos e a poluição da água. A partir daqui, é possível concluir que a maioria dos inquiridos, com uma percentagem mais elevada, concordou que a deposição de sedimentos é o principal fator de impacto ambiental. Assim, a administração da cidade deve dar prioridade à atividade estrutural da captação superior do solo e à atividade de conservação da água para reduzir a deposição de sedimentos.

No que diz respeito ao impacto económico, as inundações são um problema altamente devastador para várias actividades da sociedade. Com base no resultado final da análise, o risco de inundações gera perda de rendimentos, danos materiais e perturbação da atividade comercial em geral. Por conseguinte, as pessoas pobres estão mais expostas ao risco de inundações, o que afecta fortemente a economia.

Finalmente, as cheias criam vários impactos sociais, tais como ferimentos, perda de vidas, impacto psicológico e destruição de casas. Para além do problema acima referido, o risco de inundação também expôs a sociedade a várias doenças, como a malária, as doenças transmitidas pela água, a diarreia, a febre tifoide e a gripe, que se manifestam na área de estudo. Com base no resultado final da análise, de entre os vários tipos de doenças observadas na área de estudo em resultado do risco de inundações, a malária era uma doença vulgarmente conhecida e, para resolver a questão das doenças transmitidas pela água, a cooperação dos vários intervenientes é muito essencial.

Para apoiar a ideia acima, com base em informações da Cruz Vermelha Etíope, na área de estudo, especialmente em 2012, o risco de inundações criou vários problemas, como impacto psicológico, danos nas casas, evacuação de pessoas das suas casas e morte de muitos animais. A associação também sugeriu que, a menos que a administração da cidade forneça uma solução imediata, a comunidade está sempre num estado de falta de estabilidade que leva à deslocação do seu próprio emprego permanente e cria desordem económica na sociedade.

5.5. Causa subjacente que agrava o risco de inundação na área de estudo

Para aumentar o risco de inundações, existem vários factores causais, como a superfície topográfica, a variabilidade da chuva, os problemas de drenagem, a pobreza e os problemas de gestão. Por outras palavras, embora as cheias sejam um fenómeno natural, são potenciadas pela atividade humana. Com base nos resultados da análise, o problema de drenagem é considerado o principal fator de agravamento do risco de inundação na cidade.

Para apoiar a ideia acima, o investigador também aprova o facto de a área de estudo estar rodeada de colinas e montanhas que contribuíram para aumentar a exposição às cheias. Em consonância com isto, a ausência de estruturas de drenagem adequadas também é outro grande problema. A cobertura atual das infra-estruturas de drenagem também é quase insignificante.

Para corroborar a ideia acima exposta, com base na resposta de um perito da cidade de Adama, o risco de inundação é agravado por vários factores, tais como a expansão urbana com a deslocação de terrenos agrícolas, a ausência de uma manutenção regular forte e a falta de clareza da rede de drenagem na cidade. O perito acrescentou ainda que a atual rede de drenagem também não tem capacidade para suportar as descargas de água da cidade. Como resultado, a drenagem cria um excesso de fluxo e afecta a sociedade de uma forma mais ampla.

5.6. Medida municipal de gestão dos riscos de inundação na cidade

Embora a cidade de Adama seja responsável pela execução de várias medidas de gestão dos riscos de inundação, as actividades de medidas estruturais e não estruturais de gestão dos riscos de inundação realizadas pela administração da cidade não são satisfatórias. Como resultado, na área de estudo, existe uma grande probabilidade de exposição repetida ao risco de inundação. A maioria dos inquiridos da área de estudo também teme, a menos que a administração da cidade tome medidas imediatas para resolver o problema.

Para minimizar os danos na atividade socioeconómica, a administração da cidade tomou várias medidas técnicas e físicas para atingir o seu objetivo no plano de curto e longo prazo para reduzir o efeito provável do risco de inundação ao nível da cidade e de Keble. Assim, alguns dos planos a curto e longo prazo incluem- Eliminação da deposição de sedimentos da estrutura de drenagem e do rio, tratamento da captação superior através de actividades de conservação do solo e da água, encerramento da área na captação superior, enquadramento da estrutura de gabiões em locais muito profundos, conceção de uma infraestrutura de rede de drenagem adequada, plantação de várias árvores na cidade, realização de desvios da descarga do fluxo de água em cada Keble para reduzir a acumulação global de água num dos lados, como o Keble 02 da área de estudo e, finalmente, num plano a longo prazo, corte (escavação) do terreno do lado da colina para descarregar a água acumulada como principal saída ao nível da cidade.

5.7. Limpeza e manutenção regulares da estrutura de drenagem.

Uma das responsabilidades da administração da cidade é manter a limpeza e a manutenção correctas da rede de drenagem. Por outras palavras, se a drenagem não for devidamente desobstruída e mantida, cria-se um excesso de fluxo de água. Com base no resultado final da análise, na área de estudo, a maioria dos inquiridos concordou que ainda não existe uma limpeza e manutenção adequadas das infra-estruturas de drenagem, pelo que o problema do risco de inundação ainda não foi resolvido. A atenção dada pela administração da cidade também é mínima ou muito baixa. Os inquiridos acrescentaram ainda que as infra-estruturas de drenagem já existentes não têm capacidade para suportar o fluxo de descarga de água. O investigador também aprova que, com base no inquérito no terreno a nível da cidade, a questão das infra-estruturas de drenagem em questão necessita de grande atenção. Por outras palavras, a administração da cidade não está preparada para resolver o problema de imediato. As pessoas atingidas pelo perigo também reclamam da administração por não terem expandido as infra-estruturas de drenagem dentro do prazo estabelecido.

5.8. Local de eliminação de resíduos sólidos.

A gestão adequada dos resíduos sólidos é muito útil para a atividade multidisciplinar. Pelo contrário, a acumulação excessiva de resíduos sólidos na cidade polui o ambiente e obstrui as condutas da rede de drenagem, criando terreno para a deposição de sedimentos e interrompendo o fluxo de descarga de água no sistema de drenagem. O resultado final da análise indica que, na área de estudo, ainda não existe um local adequado para a eliminação de resíduos sólidos. Por outras palavras, o nível de gestão dos resíduos sólidos é insatisfatório e afecta o sistema de drenagem de águas.

Para enfatizar o problema acima mencionado, com base na explicação de 02 administradores de Keble, do total de resíduos sólidos que foram removidos fora da cidade, cerca de 50% foram deixados no interior da cidade. Assim, tendo em conta este facto, espera-se que os administradores da cidade se esforcem por eliminar os resíduos sólidos de forma adequada e a tempo, de modo a minimizar o impacto do risco de inundações.

5.9. Nível de sensibilização da administração da cidade

O programa de sensibilização que a administração da cidade oferece é essencial para reduzir o impacto provável do risco de inundação na sociedade. Com base na maioria do total de inquiridos com uma percentagem mais elevada, na área de estudo o nível do programa de sensibilização é muito fraco. Isto indica que a administração da cidade não dá muita importância à consciencialização e ao desenvolvimento de capacidades para ajudar a comunidade de todas as formas. Além disso, com base nas informações da discussão do grupo de foco, o programa de criação de conscientização adequada é insignificante e requer grande atenção de várias organizações governamentais.

5.10. Nível de participação das partes interessadas no programa de gestão das inundações.

O programa de gestão de cheias não é dever de uma única organização, mas sim da cooperação necessária entre os vários interessados de forma organizada. Na área de estudo, a intervenção de diferentes partes interessadas na ação preventiva antes da ocorrência do desastre é muito fraca. Por outras palavras, o corpo governante e outras organizações não-governamentais apenas se concentram na prestação de ajuda após a exposição ao perigo de inundação.

Com base no resultado final da análise, a maioria dos inquiridos também concordou que o nível de participação das partes interessadas é muito fraco. Este resultado indica que, embora a gestão do risco de inundação necessite de coordenação, na área de estudo existe uma fraca ligação entre os vários intervenientes. Consequentemente, é difícil encontrar uma solução rápida para o problema das infra-estruturas de drenagem, que é considerado a principal causa do aumento do risco de inundações na cidade.

5.11. Recomendação

Com base nas conclusões acima referidas, são apresentadas as seguintes sugestões construtivas.

1- Para reduzir o impacto provável do perigo, a administração da cidade deve assumir a responsabilidade, integrando-se com várias partes interessadas para proteger os meios de subsistência da sociedade em geral. Além disso, o município também deve reforçar o respetivo Keble da área de estudo em termos financeiros e logísticos.

Os riscos de inundação têm um alcance mais vasto e afectam o ambiente, a economia e outras actividades sociais. Assim, para minimizar os efeitos prováveis, a administração da cidade deve dar prioridade à execução adequada de actividades estruturais da bacia hidrográfica superior através da conservação do solo e da água, para reduzir o escoamento, a erosão do solo e a deposição de sedimentos, especialmente na área de estudo.

4- Uma rede de drenagem bem estruturada, em conformidade com o plano diretor da cidade, deve ser estabelecida mais cedo. Além disso, para reduzir a taxa de excesso de fluxo de descarga de água, a estrutura de drenagem já estabelecida deve ser limpa e mantida atempadamente em colaboração com a comunidade.

5- O risco de inundação tem um impacto global na sociedade em termos de danos materiais, morte, perturbação dos meios de subsistência, deslocação e ameaça psicológica. Assim, para reforçar e restabelecer o bem-estar da sociedade, é necessário criar uma estrutura institucional forte, tal como foi projectada, que sirva e assegure especialmente as pessoas pobres, e que requer grande atenção por parte dos órgãos de governo

6- Para reduzir a acumulação global de resíduos sólidos ao nível da cidade e de Keble, recomenda-se a criação de um regulamento para proibir as actividades ilegais de eliminação de resíduos sólidos. Para além disso, a preparação de um local de deposição adequado é outra opção que deve ser enfatizada pela administração da cidade para reduzir a taxa de descarga excessiva de água da estrutura de drenagem.

7- Para reduzir e gerir o impacto provável do risco de inundações a nível da cidade, o sistema de informação de alerta precoce de inundações deve ser tido em alta consideração pelas respectivas organizações, como a Meteorologia, a Zona de Desastres e Preparação da Zona Oriental de Shewa e o serviço de promoção dos meios de comunicação social da cidade de Adama.

8- A sensibilização regular e contínua da comunidade que vive nas terras altas circundantes e na área de estudo é também muito essencial para reduzir o efeito provável do risco de inundação na sociedade.

9- Uma entidade cooperativa é melhor do que uma organização individual, e a gestão do risco de inundações, em particular, necessita de uma boa integração entre as várias partes interessadas. Por isso, a administração da cidade é responsável por criar uma ligação forte com organizações como o Gabinete de Prevenção e Preparação para Catástrofes de East Shewa, a Cruz Vermelha Etíope, o Gabinete de Administração da Saúde da Cidade de Adama e a Agência Meteorológica.

10-Em zonas propensas a inundações, a criação de um sistema de alerta precoce é mais valiosa para reduzir o impacto global do perigo de inundação em várias actividades socioeconómicas. Por conseguinte, a administração da cidade e o respetivo órgão diretivo devem assumir a responsabilidade de reforçar e ligar a agência meteorológica local a várias partes interessadas para divulgar dados climáticos no momento e local adequados.

J Uma organização como o Gabinete de Desastres e Prontidão de East Shewa, que é responsável pelo desastre das cheias, deve obter capacidade e apoio financeiro do órgão superior de governação do Governo Regional, de modo a manter-se por si próprio e ajudar a comunidade em geral.

Referências

Andjelkovic, I.(2001).Guidelines on Non-structural measures in Urban Flood Management. Intemmational Hydrological program me, IHP-V Technical Documents in Hydrology No.5 UNESCO, Paris, 2001.Data de acesso 2 Dez.2012,disponível em http://unesdoc.unesco.org/ images/0012/001240/124004e.pdf

Anne, R., & Schaffer,T.(2010). Pakistan Floods: Internally Displaced people and the Human Impact (Pessoas deslocadas internamente e o impacto humano). Centro de Estudos Estratégicos e Internacionais, Programa do Sul da Ásia. Data de acesso 30 Dez2012.disponível em http://csis.org/files/publication/101101_SAM_147_PakistanFloods.pdf Assefa, B.etal.(2010). Afar National Regional State Programme of Plan on Adaptation to climate change. Data de acesso em 30 de dezembro de 2012, disponível em www.epa.gov.et/.../...

Butzbach, T.(2007).Droughts and Floods in China-A Vicious Cycle (Secas e Inundações na China - Um Ciclo Vicioso). Data de acesso em 29 de dezembro de 2012. Disponível em http://www.allianzre.com/map_images/main/SiteGen/allianzre/Content/ Uploads/Documents/Press/AIR_Edition_November2007.pdf

FDRECCCSA.(2010). Dados censitários da população total em termos de idade, sexo, agregado familiar, grupo étnico e religião da cidade de Adama, agosto de 2010, Adis Abeba.

FDRE.(2007).Climate change National Adaptation Progamme of Action (NAPA) of Ethiopia. Data de acesso em 30 de dezembro de 2012, disponível em http://unfccc.int/resource/docs/napa/eth01.pdf

Joachim, G.(2002).The severe Impact of climate of climate change on Developing countries .Medicine and Global Survival,Vol.7.No.2.Date of accessed 20 Dec.2012,available from http:// ippnw.org/pdf/mgs/7-2-gross.pdf

Jonkman, S. (2005).Global perspectives on loss of human life caused by floods. Data de acesso 2 Dez.2012, Disponível em http://www.citg.tudelft.nl/fileadmin/Faculteit/CiTG/Over_de_facult eit/Afdelingen/Afdeling_Waterbouwkunde/sectie_waterbouwkunde/people/personal/jonkman/do c/j onkman NH globalpers .pdf

HPA.(2011).The Effect of flooding on Mental Health.Extreme events and health protection center for Radiation ,Chemical and Environmental hazards health protection Agency,151 Buckingham Palace Road London SW1W9SZ. Data de acesso em 20 de dezembro de 2012, disponível em http://www.hpa.org.uk/webc/HPAwebFile/HPAweb_C/l 317131767423

KJha,A., Bloch, R., & Lamond, J.(2011). A Guide to Integrated Urban Flood Risk Management for the 21st Century. The world Bank 1818H street NW Washington DC20433.Date of accessed

2Dec.2012,Availablefromhttp://www.gfdrr.org/gfdrr/sites/gfdrr.org/files/urbanfloods/pdf/Cities %20and%20Flooding%20Guidebook.pdf

Kothari,C.(1990).Research Methodology: Methods and Techniques, 2nd edition, New age internal Publisher, London.

Mendel, G.(2007).Understanding Floods Impacts. A guide to integrated Urban flood Risk Management for the 21st century. Data de acesso 29 Dez.2012.disponível em http://media.adaptingmanchester.co.uk.ccc.cdn.faelix.net/sites/default/files/Report_Infrastructure _final_vck3.pdf

Messay, Mulugeta.(2010).O papel da agricultura urbana na segurança alimentar: Acase study From Adama Town ,Central Ethiopia.Joumal of sustainable Development in Africa (Volume 12,No.3,2010).Data de acesso 2 Dez.2012,fromhttp://www.jsdafrica.com/Jsda/V12No3_Summ er2010_A/PDF/Food%20Security%20Attainment%20Role%20of%20Urban%20Agriculture%20 %28Tefera%29.pdf

Neuhold, C.(2010).Revised flood risk assessment: Quantificar a incerteza epistémica que emerge de diferentes fontes e processos. Data de acesso 20 Dez.2012, disponível em http://iwhw.boku.ac.at/dissertationen/neuhold.pdf

NMAAD (2013), Dados climáticos de precipitação e temperatura durante 10 anos consecutivos na sucursal de Adama, março de 2013

Samson, W.(2008).Floods and Health In Gambella Region, Ethiopia :Ethiopia:An Assessment of the strength and weakness of the coping mechanism. Programa de Mestrado Internacional em Estudos Ambientais e Ciência da Sustentabilidade da Universidade de Lund. Data de acesso 2 Dez.2012, disponível em http://www.lumes.lu.se/database/alumni/06.08/thesis/Samson_Abaya.pdf

Samuel, D.(2007).The Rising cost of floods. Examinar o impacto das decisões de planeamento e desenvolvimento nos danos materiais na Florida. Journal of the America planning Association Vol.73, No.3.Date of accessed 2 Nov.2012, disponível em http://research.arch.tamu.edu/epsru/pdf/FL_fl oods_JAPA.pdf

T.Hickey, J. & D.Sales, J.(1995).Environmental effect of Extreme floods. Workshop de investigação EUA-Itália sobre a Hidrometeorologia, Impacto e Gestão de Cheias Extremas Perugia Itália. Data de acesso em 20 de dezembro de 2012, disponível em http://www.engr.colostate.edu/~jsalas/us- italy/Papers/3 3hickey .pdf

UN.(2009).Trans boundary Flood Risk Management: Experience from the UNECE Region.Convention on the Protection and use of Trans boundary water courses and International Lakes.ISBN:978-92-I-117011-5.Date of accessed 09 Oct.2012,from www.unece.org/.../Transbou ndary _Flood_Risk_Management_Final.P...

USGS.(2003).Effects of Urban Development on Floods (Efeitos do desenvolvimento urbano nas cheias). Data de acesso 30 Dez.2012, disponível em http://pubs.usgs.gov/fs/fs07603/pdf/fs07603.pdf

OMS.(2002).Floods: Alterações climáticas e estratégias de adaptação para a saúde humana. Relatório da reunião da OMS. Data de acesso em 30 de dezembro de 2012, disponível em http://www.wmo.int/pages/prog/w cp/wcasp/meetings/documents/floodresult.pdf

WMO.(2007).Formulando um Plano de Gestão de Inundações da Bacia. Uma ferramenta para a gestão integrada das inundações. Programa Associado de Gestão das Cheias. Data de acesso 2 Dez.2012, disponível em http://www.preventionweb.net/files/2626_ToolsBasinFloodManagementPlan.pdf

WMO.(2009).Integrated Flood Management Concept paper, Programa Associado de Gestão das Inundações, ISBN 978-92-63-11047-3, CH-1211 Genebra 2, Suíça. Data de acesso em 2 de dezembro de 2012, disponível em http://www.apfm.info/pdf/concept_paper_e.pdf

WB.(2006).Ethiopia Managing Water Resource to Maximize Sustainable Growth. Estratégia de Assistência aos Recursos Hídricos do País, Departamento de Agricultura e Desenvolvimento Rural. Data de acesso em 29 de dezembro de 2012, disponível em http://siteresources.worldbank.org/INTWRD/Resources /Ethiopiafinaltextandcover.pdf

Banco Mundial.(2011).Avaliações de Risco Urbano. Uma abordagem para a compreensão do risco de catástrofes e do clima nas cidades. Data de acesso em 20 de dezembro de 2012, disponível em https://www.citiesalliance.orrg/sites/citiesalliance.org/files/UnderstandingUrbanRi sk8-4-2011web.pdf

Apêndices

Anexo I - Questionário distribuído aos agregados familiares inquiridos.

Universidade da Função Pública da Etiópia

Instituto de Estudos de Desenvolvimento Urbano (IUDS)

Programa de mestrado do Departamento de Ambiente Urbano e Gestão das Alterações Climáticas

Tópico: Avaliação dos impactos das inundações no caso de (Keble's seleccionados) da cidade de Adama.

Caros inquiridos

O objetivo destes questionários é avaliar o impacto das cheias em Keble selecionado da cidade de Adama. Com base neste facto, esta investigação necessita de informações precisas para avaliar bem este estudo. Assim, solicita-se que responda objetivamente a esta pergunta. Note-se que as informações fornecidas serão utilizadas apenas para fins de investigação e mantidas confidenciais.

Obrigado pela vossa colaboração

Direção

Por favor, assinale ( ) a caixa relativa às escolhas dos seus dados pessoais e faça um círculo à volta da letra da sua escolha para as perguntas fechadas e escreva a sua opinião para as perguntas abertas no espaço fornecido.

Part I: Informações pessoais do coletor de dados.

Data do inquérito --

Nome do Enumerador --

Região ---

Distrito/Keble --

Parte II: Informações pessoais dos inquiridos.

1) Nome dos inquiridos ____

2) Keble: 3). Sexo: MasculinoFeminino :

4) Idade dos inquiridos:-.

A) 18-25 B) 25-35 C) 35-45D)35-45 E) 45-65 F) mais de 65

5) Estado civil .

A).Solteiro B).Casado Q).Divorciado D).Viúvo

6) Nível de ensino mais elevado atingido

A) Analfabeto B) 3-5 anos de escolaridade C) 7-10 anos de escolaridade D) 10+2 anos de escolaridade E) Diploma de licenciatura F) Bacharelato G) Mestrado

7) Qual é a sua profissão? ____

8) Número total de membros da família no seu agregado familiar

8 .a).Masculino -----------------

9 .b).Feminino ------------------

9) Qual é o seu nível de posse de habitação?

A). Casas que são propriedade com hipoteca B). Casas que são propriedade privada C). Casas que foram alugadas a uma organização governamental D). Casas que alugaram a organizações privadas D). Casas que alugaram a uma associação

10) . Tipo da sua casa.

A). Casa de lama B). Casa de concertos C). Casa térrea (G + 1) D). Casas que não têm plano diretor.

Parte III: Nível de impacto.

1) . Frequência anual das inundações na cidade ?

A). Todos os anos B). De dois em dois anos C). De cinco em cinco anos D). De dez em dez anos

2) Qual é o nível de exposição a inundações que ocorre na cidade de ano para ano?

A). Crescente B). Decrescente C). Constante D). não conhecido corretamente.

3) . Qual é o nível de gravidade do risco de inundação na sua Keble's?

A). Muito elevado B). Elevado C). Moderado D). baixo

4) . Qual é o impacto ambiental das inundações no vosso Keble?

A). Erosão sólida B). Degradação dos solos C). Deposição de sedimentos D). Acumulação de resíduos sólidos

5) Qual é o impacto social do risco de inundação no vosso Keble?

A. Lesões B. Perda da morte C. Barreira de comunicação e mobilidade fácil D. Redução do seu nível de rendimento E. Todas.

6) . Após a exposição às inundações, qual o tipo de doença mais pronunciado no vosso Keble?

A). Malária B) Doenças transmitidas pela água C) Diarreia D). Se for outro, especificar

7) . Que tipo de impacto económico foi criado como resultado do risco de inundação na sua Keble?

A). Danos em várias infra-estruturas B). Perda de rendimentos C). Perda de bens D). Perturbação da atividade empresarial E). Todos os danos

8) . Existe algum local adequado para a eliminação de resíduos sólidos na vossa Keble?

A), sim B). Não

9) . Se a sua resposta à pergunta n.º 8 for "NÃO", então onde é que a população de Keble deita os seus

resíduos sólidos?

A). Perto do rio B) Qualquer sítio C). Em espaço aberto D).Vala aberta

10) . Existe algum programa de sensibilização adequado para a gestão do risco de inundações na cidade?

A), sim B). Não

11) . Se a sua resposta à pergunta n.º 1 for "sim", como classifica o nível do programa de sensibilização para a criação de emprego na sua Keble?

A).Bom B).Muito bom C). Mau D).Muito mau E).Médio

12) . Existe uma limpeza e manutenção regulares das infra-estruturas de drenagem por parte da administração municipal para reduzir o efeito provável das inundações?

A), sim B). Não

13) . Participou em algum programa de proteção contra inundações na sua Keble?

A).Sim B).Não

14) . Como classifica o nível de apoio que recebeu da administração da cidade de Adama durante as cheias do ano passado?

A).Muito bomB).BomC).MédioD).Muito mau

15) Classifique o seguinte impacto das cheias em várias zonas.

Areas	**Level of Effect** (1=No effect , 2=Moderate, 3=Sever)
Property damage	
Health	
Infrastructure	
Housing	

16) . Que tipo de bens se perderam devido ao risco de inundação no vosso Keble?

A).CamaB).Televisão C).Cadeira D). Outro bem, especificar---

17) Existe alguma perturbação no acesso aos serviços de saúde, água e educação nas vossas zonas em resultado do risco de inundação?

l).Sim 2).Não

18) Quais foram as causas subjacentes que agravaram o risco de inundação no ano passado para a vulnerabilidade do risco de inundação criado especialmente no ano passado?

A).Superfície topográfica B).Variabilidade da chuva Q).Problema de gestão D).Problema de drenagem F).A11

19) . Há algum objeto perdido/danificado pelas cheias que seja insubstituível?

A) Sim B) Não.

20) . Em função do risco de inundação, tenciona mudar de residência de forma permanente no futuro?

A).sim B).não

21) . Antes da inundação, existem reuniões públicas regulares na sua localidade para reduzir o efeito provável do risco de inundação?

A).Sim B).Não C). Um pouco D).Recusar

22) . Qual é o nível de participação dos vários intervenientes no programa de gestão das inundações após a exposição às inundações?

A).Muito elevadaB).Moderada C).InferiorD).Muito fraca

23) . Tabela 1. Por favor, dê a sua resposta no quadro relativo à duração da inundação que permanece no seu Keble?

Number of day	Level of impact No impact , Less , Moderate & High
< 1 day	
1-2 days	
3-4 days	
5-7 days	
> 1 week	

24) . Qual é a profundidade da inundação especificamente para o vosso Keble?

A).<0,5mB).0,5m-lm C).lm-2m D) >2m E).Recusado.

25) . Como resultado, a exposição ao risco de inundação e a deposição de sedimentos são criadas na sua localidade.

A. SimB).Não C).Não reconhece

26) Número de vezes que se registou um risco de inundação por ano na cidade?

A) Uma vez B).DuasC). Três D).Mais de três

27) Qual é o sistema de alerta de inundações na sua cidade?

A) Vizinho B) Anúncio na rádio C). Anúncio na televisão D) Anúncio na rua

28) . Duração do dia em que não pode permanecer em casa devido ao risco de inundação?

A).1-4 dias B).4-8 dias C). 8-15 dias D).1 mêsE).Mais de 1 mês.

29) . Perceção do risco de inundação que ocorrerá nos próximos 5 anos ?

A).Muito provável B).Provável Q.Improvável D).Muito improvável E)Recusado

30) . Nível de conhecimento sobre os riscos de inundação a nível da sua comunidade.

A).Muito altaB).Alta Q).Médio D).Muito baixo

31) . Em que atividade/programa participa após a exposição ao risco de inundação na sua cidade?

A). Pela colocação de sacos de areia e guardas contra inundações B). Pela proteção dos membros da família C). Proteção de vários bens contra o risco de inundação D). Não participar em nenhuma atividade E). Se for outra, especificar, ________________________

32) . Existem infra-estruturas adequadas de drenagem de esgotos no seu Keble?

A).Sim B).Não.

33) Tem problemas específicos de abastecimento de água resultantes das recentes inundações?

A).Sim B).NãoC). Recusado

34) . Durante o anterior risco de inundação, todo o seu agregado familiar foi deslocado?

A).SimB).Não

35) . Alterou as suas actividades de subsistência em consequência das inundações?

A). Sim B) Não

36) . Se a sua resposta à pergunta n.º 35 for afirmativa, qual é o seu meio de subsistência atual?

37) Que tipo de apoio recebeu durante o risco de inundação de várias organizações governamentais e não governamentais?

A).Dinheiro B).Alimentos C).Vestuário D).Insumos agrícolas (milho, arroz, óleo e outros) E).A11

38) Algum membro do seu agregado familiar morreu no último ano devido a inundações?

A).Sim B).Não.

39) Se a sua resposta à pergunta nº (38) for sim, qual foi o número total de pessoas que morreram-------

40) Qual foi o rendimento total estimado que se perdeu devido ao risco de inundação?

A).Menos de 1000B).1000-5000C).5000-l0,000 D) 10,000-20000 E).Mais de 100,000

41) Na sua opinião, é suficiente a informação de aviso prévio de inundação fornecida pela Administração das Cidades?

A).SimB).NãoC).Recusado

42) . Após a exposição a uma inundação, como é que se avalia o nível de acomodação que se proporciona à comunidade

A).excelente B).bomC).mauD) recusado

Anexo -2 Guia de entrevista para o Chefe do Gabinete de Prontidão e Prevenção de Desastres da Zona de East shewa da Zona de Adama

Idade: Nível de escolaridade:

Cargo: Duração da estadia na cidade:

1) Qual é o impacto global do risco de inundações, especialmente no último ano?

2) Qual é o esforço de gestão atual para reduzir o efeito provável do risco de inundação na sua cidade?

3) . Qual é o nível de apoio à comunidade afetada pelo risco de inundação?

4) Qual é a tendência do padrão de inundação na cidade?

5) Quais são os principais factores que agravam o risco de inundação na sua cidade?

6) . Qual é o nível de coordenação entre os vários intervenientes na gestão do risco de inundação?

7) . Qual é o seu plano futuro para gerir e atenuar o impacto das inundações na cidade de forma sustentável?

8) No vosso gabinete existe um sistema de alerta precoce para reduzir o efeito provável das inundações.

9) O vosso gabinete dispõe de apoio orçamental e de meios logísticos suficientes para prestar assistência à sociedade afetada pelo risco de inundações?

Anexo 3 - Guia de entrevista para o diretor do município de Adama.

Idade: Nível de escolaridade

PosiçãoTempo de permanência na cidade

1) . Explicação pormenorizada da população estimada afetada pelo risco de inundação?

2) Qual é o impacto global das inundações nos danos materiais, nos ferimentos e na perda de vidas.

3) Quem são os grupos mais vulneráveis que são afectados pelo risco de inundação?

4) . Qual é o nível do padrão de inundação na cidade de ano para ano?

5) . Qual é o impacto global das inundações nas várias actividades socioeconómicas?

6) Qual é o plano futuro e a medida estrutural para gerir o risco de inundação na cidade?

7) Qual é o nível de manutenção das infra-estruturas de drenagem na cidade para reduzir o efeito provável do risco de inundação?

8) Qual é o principal fator que contribui para o risco de inundação?

9) . As várias actividades comerciais e o sistema de ensino são perturbados devido ao risco de inundação na cidade?

10) Existe algum sistema de previsão de inundações na sua cidade?

Anexo 4 - Guia de entrevista para o perito municipal da cidade de Adama.

Idade -- Educação --

Posição -------------------------------------- Duração da estadia na cidade --

1) Qual é o impacto ambiental, social e económico das inundações na cidade?

2) Qual é o principal fator que agrava o risco de inundação na cidade?

3) Existe uma manutenção regular das instalações de drenagem na cidade?

4) As actuais instalações de drenagem construídas para reduzir o risco de inundação são adequadas?

5) Qual é o custo médio anual de manutenção de várias infra-estruturas devido ao impacto das inundações?

6) . Qual é o nível de participação da comunidade e das várias partes interessadas na gestão do risco de inundação na cidade?

7) . Qual é o nível de funcionamento da rede de infra-estruturas de drenagem de inundações na cidade?

8) Para reduzir o efeito provável do risco de inundação na cidade, existe algum plano futuro para manter a captação superior através de actividades de conservação natural?

Anexo 5: Guia de entrevista para o chefe do serviço de abastecimento de água e saneamento da cidade de Adama

Idade -- Educação --

Posição ------------------------------------- Duração da estadia na cidade ---

1) . Existe alguma infraestrutura de abastecimento de água afetada por risco de inundação?

2) . Existe alguma água subterrânea na cidade que seja afetada pelo risco de inundação?

3) Que tipo de impacto tem o risco de inundação no abastecimento de água e nos serviços sanitários da cidade?

4) . Qual é o número total de habitações que estão ligadas a um sistema de drenagem direta de esgotos?

5) Existe um programa regular de sensibilização nas zonas de risco de inundação de Keble no que respeita ao abastecimento de água e ao serviço de saneamento?

6) . Qual é o principal problema para a prestação de serviços de água e saneamento na cidade?

Anexo 6: Guia de entrevista para a administração do serviço de saúde da cidade de Adama

Idade -- Educação --

Posição ------------------------------------- Duração da estadia na cidade ---

1) Qual é o nível de capacidade do serviço de saúde para prestar serviços de emergência à sociedade em caso de impacto do risco de inundação na cidade?

2) Existem instalações logísticas de saúde adequadas em cada Keble para dar uma resposta rápida aos riscos de inundação?

3) Quantas pessoas estão expostas a morte e ferimentos em resultado do risco de inundação?

4) Que tipo de doença se propagou mais na cidade após as inundações que ocorreram em Keble?

5) Qual é o principal problema no seu gabinete para prestar um serviço de saúde adequado após a exposição ao risco de inundações na cidade?

Anexo 7: Guia de entrevista para a administração principal de Keble's seleccionados da área de estudo

Idade -- Educação --

Posição ------------------------------------- Duração da estadia na cidade ---

1) Qual a cobertura do risco de inundação no seu Keble?

2) Qual é o número total de pessoas que morreram devido ao risco de inundações?

3) . Qual é o número total de pessoas deslocadas devido ao risco de inundações no vosso Keble?

4) Qual é o plano futuro do seu Keble para reduzir o efeito provável do risco de inundação?

5) A vossa Keble tem uma forte cooperação com várias partes interessadas para gerir o risco de inundações?

6) O vosso Keble tem uma forte capacidade para prestar serviços de emergência em caso de inundações para a sociedade?

7) . Qual é o impacto socioeconómico global do risco de inundação em Keble, especialmente no último ano?

8) . Qual é o nível de drenagem das infra-estruturas a nível de kebele para reduzir o efeito provável do risco de inundação?

Anexo 8. Guião de entrevista para o chefe da filial de Adama da Cruz Vermelha Etíope

Idade ------------------------------------Educação ---

Posição -----------------------------------Duração da estadia na cidade---------------------------------------

1 No ano anterior, em função do risco de inundação, qual é o impacto social global.

2 Quantas pessoas morreram em função do risco de inundação.

3 Quantas pessoas foram evacuadas devido ao risco de inundações.

4 Que tipo de assistência é prestada pela sua organização à comunidade afetada pelo risco de inundações?

5 . Após a exposição às inundações, qual é o nível de esforço para dar uma resposta rápida à comunidade afetada pelo risco de inundação?

1 .1No futuro, para reduzir o efeito provável do risco de inundação, que tipo de atividade é atualmente desenvolvida pela sua organização?

7 Qual é o principal problema com que se depara a sua organização para prestar vários serviços às pessoas atingidas pelo risco de inundação?

8 Para gerir e reduzir o efeito provável do risco de inundação de forma adequada, qual é o nível de coordenação com as várias partes interessadas?

Anexo-9: Perguntas para o debate em grupo focalizado

Para avaliar o impacto das cheias na cidade de Adama, o investigador seleccionou propositadamente 3 grupos de discussão de cada um dos três agregados familiares de Keble, que contêm 8 a 12 pessoas. A principal questão debatida com o grupo de discussão dizia respeito ao impacto global das inundações nos três Keble. Com base neste facto, os principais pontos de discussão foram os seguintes

1. qual é o impacto global das inundações na

- Atividade social (perturbação e incómodo ao sair de casa, ansiedade e stress em relação aos meios de subsistência e prestação de serviços).

- Económicos (perda de rendimentos e perda de bens insubstituíveis).

-Ambiente (erosão dos solos e degradação dos solos).

2) Como é que sente o apoio que recebeu de várias organizações após a exposição às inundações?

3) Para os danos materiais, existe algum serviço de seguro que lhe seja reembolsado?

4) . Como avalia a disponibilização de um sistema de alerta precoce de inundações e de serviços de emergência na cidade após a exposição às inundações?

5) . Como é que sente o apoio que recebeu de várias organizações após a exposição às inundações?

6) O que recomenda ao município da cidade de Adama para reduzir o efeito provável do risco de inundações?

7) Para reduzir o risco de inundações, que tipo de medidas devem ser tomadas a nível doméstico?

8) Que grupo de pessoas, incluindo (género e sector económico), é mais vulnerável devido ao risco de inundações?

9) . Qual será a sua perceção futura das inundações na cidade?

10) . No vosso Keble, este problema agrava o risco de inundação no vosso Keble.

Annex 10. Mapa de índice dos caracteres físicos do solo da zona de estudo

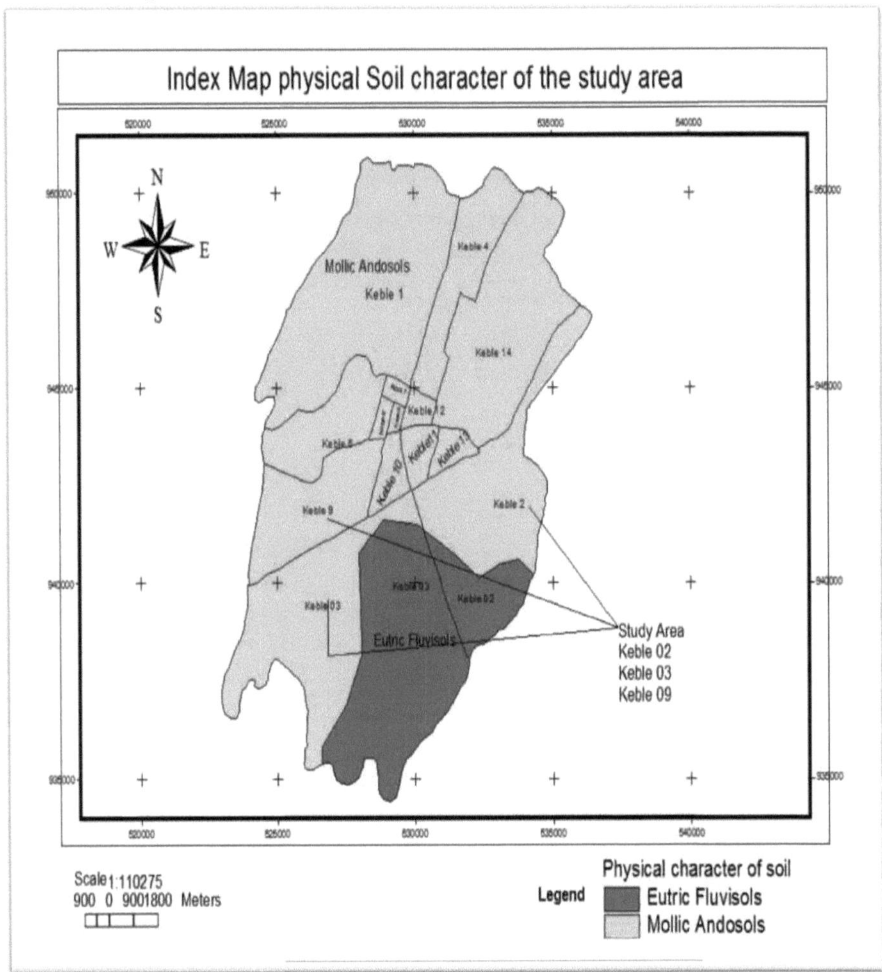

Fonte: Elaborado pelo investigador, março de 2013

Anexo. Dados de precipitação e temperatura (máxima e mínima) de 10 anos consecutivos (2003-2012) da cidade de Adama.

Dados de precipitação de 10 anos consecutivos (2003-2012)

YEAR		2003	2004	2005	2006	2007
MONTH	TIME	Rainfall (mm)	Rainfall (mm)	Rainfall (mm)	Rainfall (mm)	Rainfall (mm)
1	9.00	47.5	28.8	72.5	17.6	23.1
2	9.00	69.1	3.3	6.3	88.4	31.6
3	9.00	151.2	77.4	90.1	64.6	82.1
4	9.00	88.9	53.1	41.3	88.7	101.7
5	9.00	3.6	1.9	71.1	27.8	64.7
6	9.00	75.2	63.3	50.2	58.7	62.8
7	9.00	235.6	114.4	144.3	173.5	225.7
8	9.00	279.7	227.3	165.0	225.0	344.4
9	9.00	122.8	77.1	68.4	128.8	138.0
10	9.00	0.0	58.6	6.0	10.1	25.4
11	9.00	5.3	12.8	5.3	0.5	6.7
12	9.00	48.8	1.6	0.0	28.5	0.0

YEAR		2008	2009	2010	2011	2012
MONTH	TIME	Rainfall (mm)	Rainfall (mm)	Rainfall (mm)	Rainfall (mm)	Rainfall (mm)
1	9.00	34.6	62.6	0.0	22.0	0.0
2	9.00	0.0	0.0	97.3	0.0	0.0
3	9.00	0.0	0.0	88.8	10.4	8.8
4	9.00	79.9	25.3	27.4	17.6	78.2
5	9.00	69.2	22.1	68.1	68.7	16.8
6	9.00	58.7	50.0	100.6	54.8	32.8
7	9.00	353.1	156.1	227.8	215.1	500.8
8	9.00	302.2	113.3	242.9	155.8	300.7

9	9.00	100.3	34.0	164.7	192.1	128.2
10	9.00	37.5	132.7	0.0	0.0	1.4
11	9.00	69.5	0.4	17.6	0.0	0.5
12	9.00	0.0	12.5	0.3	0.0	

Dados de temperatura (máxima e mínima) de 10 anos consecutivos (2003-2012)

YEAR		2003	2004	2005	2006	2007
MONTH	TIME	TEMP-MAX(°c)	TEMP-MAX(°c)	TEMP-MAX(°c)	TEMP-MAX(°c)	TEMP-MAX(°c)
1	18.00	29	27	26	28	27
2	18.00	31	29	31	28	29
3	18.00	30	29	29	28	29
4	18.00	28	29	29	30	28
5	18.00	33	32	29	31	31
6	18.00	29	28	28	29	27
7	18.00	25	26	25	25	26
8	18.00	26	27	27	26	26
9	18.00	27	27	28	27	27
10	18.00	28	27	29	27	27
11	18.00	27	26	26	27	26
12	18.00	25	27	27	26	25

YEAR		2008	2009	2010	2011	2012
MONTH	TIME	TEMP-MAX(°c)	TEMP-MAX(°c)	TEMP-MAX(°c)	TEMP-MAX(°c)	TEMP-MAX(°c)
1	18.00	26.8	25.8	26.6	27.3	27.4
2	18.00	27.1	28.0	27.3	29.4	29.0
3	18.00	30.4	30.2	27.0	29.4	31.0
4	18.00	29.7	29.8	29.9	31.7	30.3

5	18.00	30.1	30.9	30.2	30.8	31.7
6	18.00	28.5	31.5	29.8	30.0	30.8
7	18.00	25.4	26.8	25.8	27.4	25.9
8	18.00	25.2	26.2	26.0	26.2	25.8
9	18.00	26.9	28.7	26.7	26.7	27.1
10	18.00	27.3	27.1	28.2	27.9	27.9
11	18.00	24.7	27.2	27.2	26.9	28.0
12	18.00	25.1	26.0	26.1	25.1	

YEAR		2003	2004	2005	2006	2007
MONTH	TIME	TEMP-MIN (°c)	TEMP-MIN(°c)	TEMP-MIN(°c)	TEMP-MIN(°c)	TEMP-MIN(°c)
1	9:00	13.6	16.1	15.4	15.0	15.4
2	9:00	14.7	11.8	16.2	16.1	16.2
3	9:00	14.0	14.9	16.1	16.1	16.2
4	9:00	16.6	15.6	16.8	15.6	16.5
5	9:00	14.5	17.1	16.6	17.0	17.9
6	9:00	16.2	17.6	17.7	17.3	17.5
7	9:00	15.9	16.3	16.7	16.2	16.8
8	9:00	15.8	16.5	16.1	16.2	15.6
9	9:00	15.7	15.3	16.1	16.1	16.7
10	9:00	13.7	13.0	14.1	15.7	13.4
11	9:00	13.3	13.7	14.3	15.4	13.9
12	9:00	11.1	14.5	11.7	14.4	11.0

YEAR		2008	2009	2010	2011	2012
MONTH	TIME	TEMP-MIN (°c)	TEMP-MIN(°c)	TEMP-MIN(°c)	TEMP-MIN(°c)	TEMP-MIN(°c)
1	9:00	13.9	13.5	14.1	13.1	14.0
2	9:00	13.7	15.2	15.4	14.2	14.1

3	9:00	14.0	16.8	15.3	14.9	16.4
4	9:00	16.8	17.1	16.2	16.6	16.9
5	9:00	17.3	17.5	17.4	16.3	16.9
6	9:00	16.8	18.4	17.8	16.8	24.0
7	9:00	15.5	16.8	16.5	16.6	15.7
8	9:00	15.4	16.7	16.9	16.7	16.0
9	9:00	15.9	16.3	15.2	15.6	15.9
10	9:00	14.6	14.3	14.5	14.2	13.7
11	9:00	12.8	13.3	13.9	14.9	13.9
12	9:00	12.1	15.0	11.6	12.7	

Printed by Books on Demand GmbH, Norderstedt / Germany